职业教育课程改革创新教材"*做中学 做中教*"系列

车工技能训练（初级）
学习手册

主编　邓志平

电子工业出版社

Publishing House of Electronics Industry

北京·BEIJING

内 容 简 介

本书是根据国家示范性学校建设的数控技术应用示范专业建设的任务，通过《车工技能训练（初级）》课改项目立项而进行的教科研项目成果编写的。符合示范性专业建设的培养方案的课程教学要求，以理实一体化教学实施方式和项目任务驱动方式组织编排理论知识和实训技能的内容。

本书以初级车工技能中的阶梯轴加工为载体，共 9 个项目任务，具体包括项目车床的基本操作训练、常用刀具的刃磨训练、光轴的加工训练、阶梯的车削加工训练、带圆度面阶梯轴的车削训练、阶梯轴上三角螺纹的车削训练、法兰套的车削加工训练、螺纹阶梯轴综合加工训练和复合轴加工综合考核训练等学习训练任务。

本书主要供职业技术院校机械类专业车工工艺技术理实一体化教学使用，也可作为职业培训教材使用。

图书在版编目（CIP）数据

车工技能训练（初级）学习手册 / 邓志平主编. —北京：电子工业出版社，2013.9
职业教育课程改革创新教材. "做中学　做中教"系列

ISBN 978-7-121-21251-2

Ⅰ. ①车… Ⅱ. ①邓… Ⅲ. ①车削—中等专业学校—教学参考资料 Ⅳ. ①TG510.6

中国版本图书馆 CIP 数据核字（2013）第 188068 号

策划编辑：张　凌
责任编辑：郝黎明　文字编辑：裴　杰
印　　刷：北京七彩京通数码快印有限公司
装　　订：北京七彩京通数码快印有限公司
出版发行：电子工业出版社
　　　　　北京市海淀区万寿路 173 信箱　邮编　100036
开　　本：787×1 092　1/16　印张：7.25　字数：185.6 千字
版　　次：2013 年 9 月第 1 版
印　　次：2024 年 7 月第 9 次印刷
定　　价：19.00 元

凡所购买电子工业出版社图书有缺损问题，请向购买书店调换。若书店售缺，请与本社发行部联系，联系及邮购电话：（010）88254888，88258888。

质量投诉请发邮件至 zlts@phei.com.cn，盗版侵权举报请发邮件至 dbqq@phei.com.cn。

本书咨询联系方式：（010）88254583，zling@phei.com.cn。

前　言

本书是根据国家示范性学校建设的数控技术应用示范专业建设的任务，通过《车工技能训练（初级）》课改项目立项而进行的教科研项目而获得的成果之一。满足数控技术应用示范专业的培养方案对初级车工技术提出的教学要求，经过三届学生的使用，效果良好。同时也适用于机械相关的模具设计与制造专业和机电技术应用专业的教学计划。

本书主要有以下特点。

1．充分体现"教师为主导，学生为主体"的教学原则，实现"理论实践一体化"的教育理念。本书按理论知识和相应的技能实训相结合的方式对教学内容编排，便于教师实施理实一体化的教学实践。在进行技能实训前，要求学生先进行技能实训所涉及的相关理论的学习，有利于对学生技能实训的指导，提高教学效果。学生在掌握相关理论的同时又增强了技术能力。

2．将初级车工工艺技术与生产实践相结合，以项目为引领，任务为驱动，打破了常规的章节内容编排格式。通过对企业初级车工岗位的调研和常见加工工艺及工件的归纳，精选和设计了能满足初级车工工艺技术的代表性的工件——阶梯轴的加工，以此为项目的载体。并将该工件的生产过程划分成各个项目，在每个项目中按加工工序分解成工作任务，以工作任务驱动教学和技能实训。

3．改变传统的考核评价方式，重视工作过程的考核，对每项任务设计了专门的考核评价表格，表内包含加工工序中工件质量的考核、文明安全生产、现场的 5S 管理、指导教师对学生的综合评价以及学生对考核评价结果的签名认可等等。

4．根据中职学生的认知能力和兴趣，项目任务逐步深入，由单项任务到综合任务逐级训练，并融合相关的理论知识，从而提高教学的实效性和目的性。

本书由中山市中等专业学校机械科邓志平独立编写。在编写过程中得到学校领导和教务处及机械科机电教研室老师的大力支持和帮助，在此致以谢意。特别感谢都本达老师用此书进行的教学实验中提出的宝贵意见。

尽管本人对该套教材的编写做出了极大的努力和对课题研究做了较为深入的探索，但对于职业教育的改革和创新的认识还不够深入。再因本人水平有限，书中难免存在不当之处，望同行专家给予批评指正，并提出宝贵建议和意见。

编　者

2013.4

目　录

项目 1　卧式车床的基本操作 ··· 1
　　任务一　理论部分 ··· 1
　　任务二　实操部分 ··· 6
项目 2　常用刀具的刃磨 ··· 12
　　任务一　理论部分 ··· 12
　　任务二　实操部分 ··· 17
项目 3　外圆、端面的车削 ··· 21
　　任务一　理论部分 ··· 21
　　任务二　实操部分 ··· 24
项目 4　阶梯轴的车削加工 ··· 29
　　任务一　理论部分 ··· 29
　　任务二　实操部分 ··· 34
项目 5 五　带圆锥面阶梯轴的车削 ··· 40
　　任务一　理论部分 ··· 40
　　任务二　实操部分 ··· 45
项目 6　阶梯轴上三角螺纹的车削 ··· 53
　　任务一　理论部分 ··· 53
　　任务二　实操部分 ··· 60
项目 7　法兰套的车削加工 ··· 67
　　任务一　理论部分 ··· 67
　　任务二　实操部分 ··· 76
项目 8　轴类零件综合练习 ··· 84
　　任务一　理论部分 ··· 84
　　任务二　实操部分 ··· 89
项目 9　复合轴加工综合考核训练 ··· 94
　　任务一　实操部分实训 ··· 94
　　任务二　车工技能训练（初级）理论知识复习巩固 ····················· 97

项目 1

卧式车床的基本操作

任务一 理论部分

车削基础知识

知识目标 -

1. 理解车削的基本概念。
2. 理解并掌握切削用量相关的知识和理论。
3. 理解并掌握我国车床的型号规格的编制方法和机床的大致结构组成。

建议的学习课时：2 学时。

一、车削基本概念

1. 车工的概念

车工是在车床上利用工件的旋转运动和刀具的移动来改变毛坯形状和尺寸，将其加工成所需零件的一种切削加工方法。其中工件的旋转为主运动，刀具的移动为进给运动（图 1-1）。

车削运动车床主要用于加工回转体表面（图 1-2），加工的尺寸公差等级为 IT11～IT6，表面粗糙度 R_a 值为 12.5～0.8μm。车床种类很多，其中卧式车床应用最为广泛。

2. 车削运动

车床的车削运动可分为主运动和进给运动。主运动是零件的旋转运动，是车削形成车削速度或消耗主要动力的运动。进给运动为车刀的直线运动，是使零件的多余材料不断被去除的运动，车削运动又分为纵向进给运动和横向进给运动，如图 1-1 所示。

3. 工件上形成的表面

① 已加工表面——工件上刀具切削后产生的表面。

② 过渡表面——工件上由切削刃形成的那部分表面。

③ 待加工表面——工件上待去除的表面。

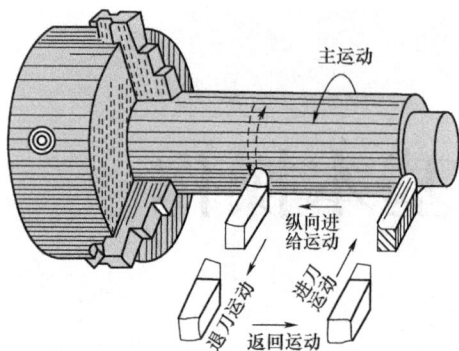

图 1-1 车削加工示意图

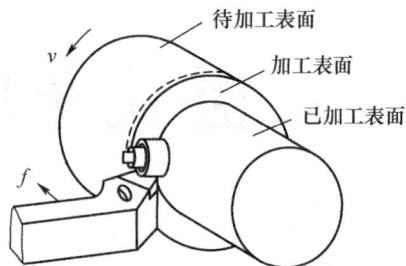

图 1-2 车削形成的表面

4．普通车床的加工范围

在车床上所使用的刀具主要是车刀，还有钻头、铰刀、丝锥和滚花刀等。车床主要用来加工各种回转表面，例如，内、外圆柱面；内、外圆锥面；端面；内、外沟槽；内、外螺纹；内、外成形表面；丝杆、钻孔、扩孔、铰孔、镗孔、攻丝、套丝、滚花等，如图 1-3 所示。

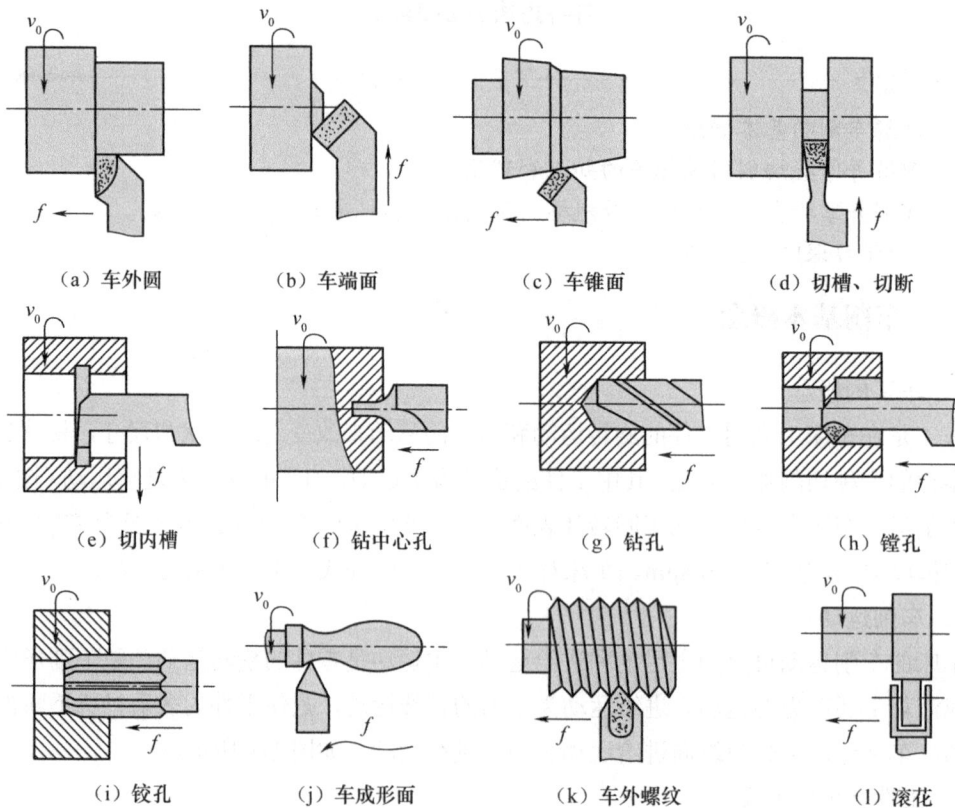

（a）车外圆　　　　　（b）车端面　　　　　（c）车锥面　　　　（d）切槽、切断

（e）切内槽　　　　　（f）钻中心孔　　　　（g）钻孔　　　　　（h）镗孔

（i）铰孔　　　　　（j）车成形面　　　　（k）车外螺纹　　　　（l）滚花

图 1-3 普通车床所能加工的典型表面

二、切削用量

切削用量包括切削速度、进给量和背吃刀量（切削深度），俗称切削三要素。它们是表示主运动和进给运动最基本的物理量，是切削加工前调整机床运动的依据，并对加工质量、生产率及加工成本都有很大影响。

1．切削速度 v_c

切削速度是指在单位时间内，工件与刀具沿主运动方向的最大线速度。

车削时的切削速度为

$$v_c = \frac{\pi \cdot d \cdot n}{1000} \tag{1-1}$$

式中　v_c——切削速度（m/s 或 m/min）；

　　　d——工件待加工表面的最大直径（mm）；

　　　n——工件每分钟的转数（r/min）。

由式（1-1）可知切削速度与工件直径和转数的乘积成正比，因此不能仅凭转数高就误认为是切削速度高。一般应根据 v_c 与 d，先求出 n，然后调整转速手柄的位置。

切削速度选用原则：粗车时，为提高生产率，在保证取大的切削深度和进给量的情况下，一般选用中等或中等偏低的切削速度，如取 50～70m/min （切钢）或 40～60m/min（切铸铁）；精车时，为避免刀刃上出现积屑瘤而破坏已加工表面质量，切削速度取较高（100 m/min 以上）或较低（6 m/min 以下），但采用低速切削生产率低，只有在精车小直径的工件时采用，一般用硬质合金车刀高速精车时，切削速度为 100～200 m/min （切钢）或 60～100m/min（切铸铁）。由于同学们对车床的操作不熟练，不宜采用高速切削。

2．进给量 f

进给量是指在主运动一个循环（或单位时间）内，车刀与工件之间沿进给运动方向上的相对位移量，又称走刀量，其单位为 mm/r。即工件转一转，车刀所移动的距离。

进给量选用原则：粗加工时可选择适当大的进给量，一般取 0.15～0.4 mm/r；精加工时，采用较小的进给量可使已加工表面的残留面积减少，有利于提高表面质量，一般取 0.05～0.2 mm/r。

3．切削深度 a_p

车削时，切削深度是指待加工表面与已加工表面之间的垂直距离，又称背吃刀量，单位为 mm，其计算式为

$$a_p = \frac{d_w - d_m}{2}$$

式中　d_w——工件待加工表面的直径（mm）；

　　　D_m——工件已加工表面的直径（mm）。

切削深度选用原则：粗加工应优先选用较大的切削深度，一般可取 2～4mm；精加工时，选择较小的切削深度对提高表面质量有利，但过小又会使工件上原来凸凹不平的表面可能没

有完全切除掉而达不到满意的效果，一般取 0.3～0.5mm（高速精车）或 0.05～0.10mm（低速精车）。

三、学习卧式车床型号及结构组成

1. 卧式车床的型号

卧式车床用 C61××× 来表示，其中 C 为机床分类号，表示车床类机床；61 为组系代号，表示卧式。其他表示车床的有关参数和改进号。机床的型号的编码意义如下：

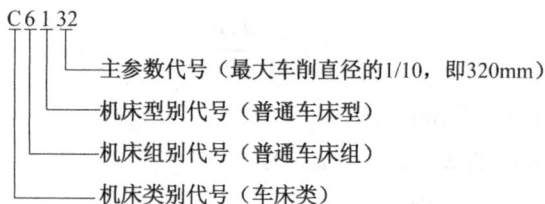

C 6 1 32

主参数代号（最大车削直径的1/10，即320mm）
机床型别代号（普通车床型）
机床组别代号（普通车床组）
机床类别代号（车床类）

2. 卧式车床各部分的名称和用途

C6132 普通车床的外形如图 1-4 所示。

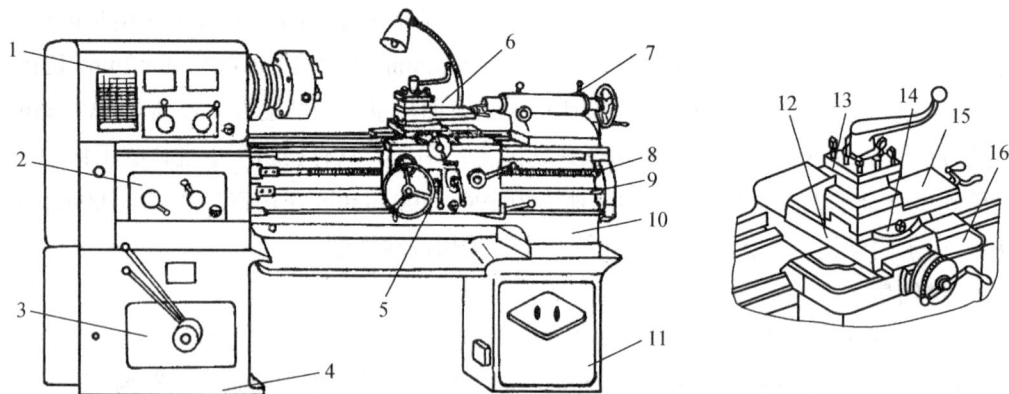

1—主轴箱；2—进给箱；3—变速箱；4—前床脚；5—溜板箱；6—刀架；7—尾座；8—丝杠；9—光杠；10—床身；
11—后床脚；12—中刀架；13—方刀架；14—转盘；15—小刀架；16—大刀架

图 1-4　C6132 普通车床的外形

1. 主轴箱

主轴箱又称床头箱，内装主轴和变速机构。变速是通过改变设在床头箱外面的手柄位置，可使主轴获得 12 种不同的转速（45～1980 r/min）。主轴是空心结构，能通过长棒料，棒料能通过主轴孔的最大直径是 29mm。主轴的右端有外螺纹，用来连接卡盘、拨盘等附件。主轴右端的内表面是莫氏 5 号的锥孔，可插入锥套和顶尖，当采用顶尖并与尾架中的顶尖同时使用安装轴类工件时，其两顶尖之间的最大距离为 750mm。床头箱的另一重要作用是将运动传给进给箱，并可改变进给方向。

2. 进给箱

进给箱又称走刀箱，它是进给运动的变速机构。它固定在床头箱下部的床身前侧面。变换进给箱外面的手柄位置，可将床头箱内主轴传递下来的运动，转为进给箱输出的光杆或丝杆获得不同的转速，以改变进给量的大小或车削不同螺距的螺纹。其纵向进给量为 0.06～0.83mm/r；横向进给量为 0.04～0.78mm/r；可车削 17 种公制螺纹（螺距为 0.5～9mm）和 32 种英制螺纹（2～38 牙/in）。

3．变速箱

变速箱安装在车床前床脚的内腔中，并由电动机通过联轴器直接驱动变速箱中齿轮传动轴。变速箱外设有两个长的手柄，分别用于移动传动轴上的双联滑移齿轮和三联滑移齿轮，可共获 6 种转速，通过皮带传动至床头箱。

4．溜板箱

溜板箱又称拖板箱，溜板箱是进给运动的操纵机构。它使光杠或丝杠的旋转运动，通过齿轮和齿条或丝杠和开合螺母，推动车刀做进给运动。溜板箱上有三层滑板，当接通光杠时，可使床鞍带动中滑板、小滑板及刀架沿床身导轨做纵向移动；中滑板可带动小滑板及刀架沿床鞍上的导轨做横向移动。故刀架可做纵向或横向直线进给运动。当接通丝杠并闭合开合螺母时可车削螺纹。溜板箱内设有互锁机构，使光杠、丝杠两者不能同时使用。

5．刀架

刀架用来装夹车刀，并可做纵向、横向及斜向运动。刀架是多层结构，它的组成如图 1-5 所示。

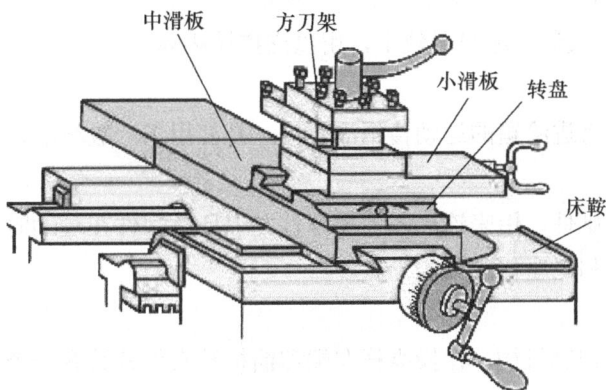

图 1-5　刀架

① 床鞍。它与溜板箱牢固相连，可沿床身导轨做纵向移动。

② 中滑板。它装置在床鞍顶面的横向导轨上，可做横向移动。

③ 转盘。它固定在中滑板上，松开紧固螺母后，可转动转盘，使它和床身导轨成一个所需要的角度，然后拧紧螺母，以加工圆锥面等。

④ 小滑板。它装在转盘上面的燕尾槽内，可做短距离的进给移动。

⑤ 方刀架。它固定在小滑板上，可同时装夹四把车刀。松开锁紧手柄，即可转动方刀架，把所需要的车刀更换到工作位置上。

6. 尾座

尾座用于安装后顶尖，以支持较长工件进行加工，或安装钻头、铰刀等刀具进行孔加工。偏移尾架可以车出长工件的锥体。尾座的结构如图1-6所示。

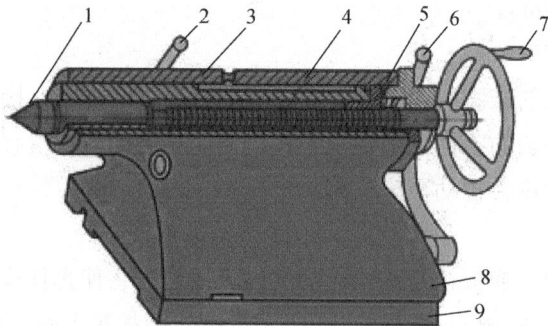

1—顶尖；2—套筒锁紧手柄；3—顶尖套筒；4—丝杆；5—螺母；6—尾座锁紧手柄；7—手轮；8—尾座体；9—底座

图1-6 尾座

① 套筒。其左端有锥孔，用以安装顶尖或锥柄刀具。套筒在尾座体内的轴向位置可用手轮调节，并可用锁紧手柄固定。将套筒退至极右位置时，即可卸出顶尖或刀具。

② 尾座体。它与底座相连，当松开固定螺钉时，拧动螺杆可使尾架体在底板上做微量横向移动，以便使前后顶尖对准中心或偏移一定距离车削长锥面。

③ 底座。它直接安装于床身导轨上，用以支撑尾座体。

7. 光杠与丝杠

光杠与丝杠用于将进给箱的运动传至溜板箱。光杠用于一般车削，丝杠用于车螺纹。

8. 床身

床身是车床的基础件，用来连接各主要部件并保证各部件在运动时有正确的相对位置。在床身上有供溜板箱和尾座移动用的导轨。

9. 操纵杆

操纵杆是车床的控制机构，在操纵杆左端和溜板箱右侧各装有一个手柄，操作工人可以很方便地操纵手柄以控制车床主轴正转、反转或停车。

任务二 实操部分

卧式车床的基本操作训练

技能目标

1. 熟悉掌握学校实习工厂的卧式车床结构和各个操作手柄的功用。
2. 掌握卧式车床的各项基本操作技能。

3．学会遵守安全文明生产及劳动纪律。

建议的学习课时：3 课时。

一、工作准备

C6132 车床的调整主要是通过变换各自相应的手柄位置进行的（图 1-7）。

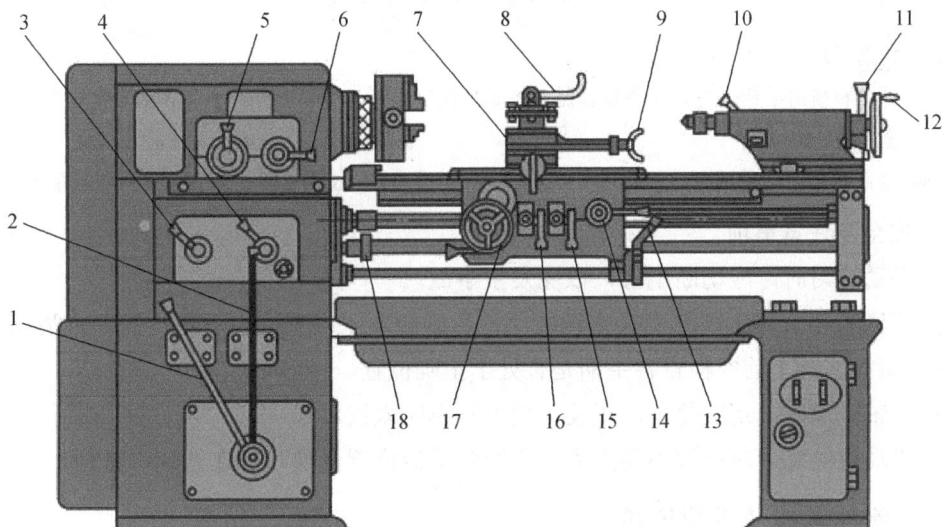

1、2、6—主运动变速手柄；3、4—进给运动变速手柄；5—刀架左右移动的换向手柄；7—刀架横向手动手柄；
8—方刀架锁紧手柄；9—小刀架移动手柄；10—尾座套筒锁紧手柄；11—尾座锁紧手柄；12—尾座套筒移动手轮；
13—主轴正、反转及停止手柄；14—"开合螺母"开合手柄；15—刀架横向机动手柄；16—刀架纵向机动手柄；
17—刀架纵向手动手轮；18—光杠、丝杠更换使用的离合器

图 1-7 C6132 车床的调整手柄

二、卧式车床的基本操作训练介绍

1．开、停车练习（主轴正、反转及停止手柄 13 在停止位置）

（1）正确变换主轴转速。变动变速箱和主轴箱外面的变速手柄 1、2 或 6，可得到各种相对应的主轴转速。当手柄拨动不顺利时，用手稍转动卡盘即可。

（2）正确变换进给量。按所选的进给量查看进给箱上的标牌，再按标牌上进给变换手柄位置来变换手柄 3 和 4 的位置，即得到所选定的进给量。

（3）熟悉掌握纵向和横向手动进给手柄的转动方向。左手握纵向进给手动手轮 17，右手握横向进给手动手柄 7。分别顺时针和逆时针旋转手轮，操纵刀架和溜板箱的移动方向。

（4）熟悉掌握纵向或横向机动进给的操作。光杠或丝杠接通手柄 18 位于光杠接通位置上，将纵向机动进给手柄 16 提起即可纵向进给，如将横向机动进给手柄 15 向上提起即可横向机动进给。分别向下扳动则可停止纵、横机动进给。

（5）尾座的操作。尾座靠手动移动，其固定靠紧固螺栓螺母。转动尾座移动套筒手轮 12，可使套筒在尾座内移动，转动尾座锁紧手柄 11，可将套筒固定在尾座内。

2．低速开车练习

练习前应先检查各手柄位置是否处于正确的位置，无误后进行开车练习。

① 主轴启动—电动机启动—操纵主轴转动—停止主轴转动—关闭电动机 。

② 机动进给—电动机启动—操纵主轴转动—手动纵横进给—机动纵横进给—手动退回—机动横向进给—手动退回—停止主轴转动—关闭电动机。

📖 **特别提示**

纵向和横向手柄进退方向不能摇错，尤其是快速进退刀时要千万注意，否则会发生工件报废和安全事故。

◆ 横向进给手动手柄每转一格时，刀具横向吃刀为 0.02mm，其圆柱体直径方向切削量为 0.04mm。

3．安全及注意事项

① 手动练习时，应切断电源，以免发生事故。

② 机床未完全停止严禁变换主轴转速，否则会发生严重的主轴箱内齿轮打齿现象甚至发生机床事故。开车前要检查各手柄是否处于正确位置。

③ 主轴变速时一定要停车，正反车变换时不能太快。

④ 机动进给练习时行程不要太大，进给箱手柄位置变换时应在低速中进行。

三、项目考核及成绩评价

考核分实操（应会）部分和理论（应知）考试部分考核，实操以现场考核和工件测量进行，理论以学生完成的作业批改为主。

考核及成绩评价表（车削基础知识）

实操成绩考核评定					
序号	考评内容	权重	平分标准	得分	备注
1	主轴变速箱手柄位置的操作练习	20	操作正确满分		
2	操作杆正、反动作练习	20	操作正确满分		
3	床鞍，中、小滑板手动进退练习	20	操作正确满分		
4	刀架松、紧转向练习	10	操作正确满分		
5	机动操作练习	30	操作正确满分		
6	安全文明生产及劳动纪律		违章扣分		
记事：			实操成绩总评		
理论部分考核					
1. 车床是由哪些主要部分组成的？					
2. 什么是车削时的切削速度？如被加工的零件的直径是 40mm，转速为 600r/min，试求此时的切削速度。					

实操成绩考核评定					
序号	考评内容	权重	平分标准	得分	备注
	3. 普通车床操作规程的第一条是怎样规定的？				
	4. 车床能进行哪些项目的加工？				
	5. 为了节省时间，主轴变速时可直接搬动主轴箱手柄进行变速，对不对？为什么？				
	6. 进给箱手柄位置变换必须在停车状态下进行，对不对？为什么？				
实操得分		理论得分		总平分	学生签名

四、知识拓展

材料一　普通车床操作规程

① 学生进入车间必须穿好工作服，并扎紧袖口，女生须戴安全帽，加工硬脆工件或高速切削时，须戴眼镜。

② 实习学生必须熟悉车床性能，掌握操作手柄的功用，否则不得动用车床。

③ 车床启动前要检查手柄位置是否正常，手动操作各移动部件有无碰撞或不正常现象，润滑部位要加油润滑。

④ 工件、刀具和夹具都必须装夹牢固才能切削。

⑤ 主轴变速、装夹工件、紧固螺钉、测量工作、清除切屑或离开机床等都必须停车。

⑥ 装卸卡盘或装夹重工件，要有人协助，床面上必须垫木板。

⑦ 工件转动中不准手摸工件，不准用棉纱擦拭工件，不得用手去清除切屑，不得用手强行刹车。

⑧ 车床运转不正常、有异声或异常现象，轴承温度过高，要立即停车，报告指导老师。

⑨ 工作场地保持整洁，刀具、工具、量具要放在规定地方。床面上禁止放任何物品。

⑩ 工作结束后应擦净车床，并在导轨面上加油，关闭车床电门，拉下墙壁上的电闸。

材料二　机床附件

1. 三爪卡盘

三爪卡盘是车床最常用的附件（图1-8），三爪卡盘上的三爪是同时动作的，可以达到自动定心兼夹紧的目的。其装夹工作方便，但定心精度不高（爪遭磨损所致），工件上同轴度要求较高的表面，应尽可能在一次装夹中车出。传递的扭矩也不大，故三爪卡盘适于夹持圆柱形、六角形等中小工件。当安装直径较大的工件时，可使用"反爪"。

图 1-8 三爪卡盘

2. 工件在四爪卡盘上的安装

四爪卡盘也是车床常用的附件（图 1-9），四爪卡盘上的四个爪分别通过转动螺杆而实现单动。根据加工的要求，利用划针盘校正后，安装精度要比三爪卡盘高，四爪卡盘的夹紧力大，适用于夹持较大的圆柱形工件或形状不规则的工件。

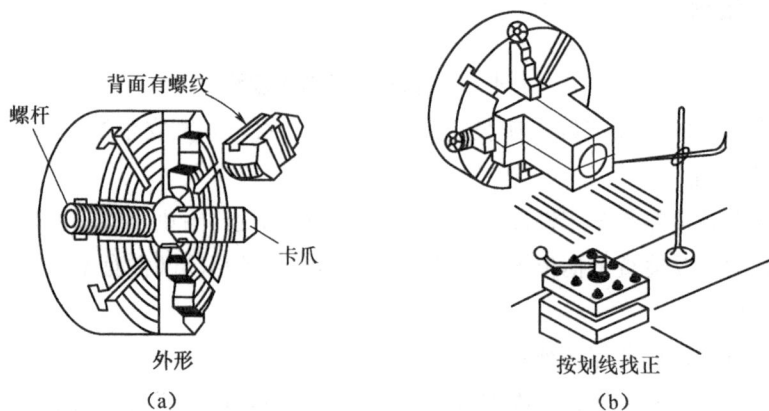

（a）   （b）

图 1-9 四爪卡盘装夹工件的方法

3. 顶尖

常用的顶尖有死顶尖和活顶尖两种，如图 1-10 所示。

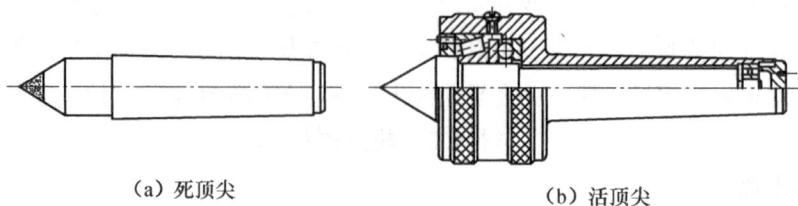

（a）死顶尖   （b）活顶尖

图 1-10 顶尖

4．中心架（或跟刀架）

当车削长度为直径 20 倍以上的细长轴或端面带有深孔的细长工件时，由于工件本身的刚性很差，当受到切削力的作用时，往往容易产生弯曲变形和振动，容易把工件车成两头细中间粗的腰鼓形。为防止上述现象发生，需要附加辅助支撑，即中心架。

中心架主要用于加工有台阶或需要调头车削的细长轴及端面和内孔（钻中孔）。中心架是固定在床身导轨上的，车削前需调整其三个爪与工件轻轻接触，并加上润滑油。用中心架车削外圆、内孔及端面如图 1-11 所示。

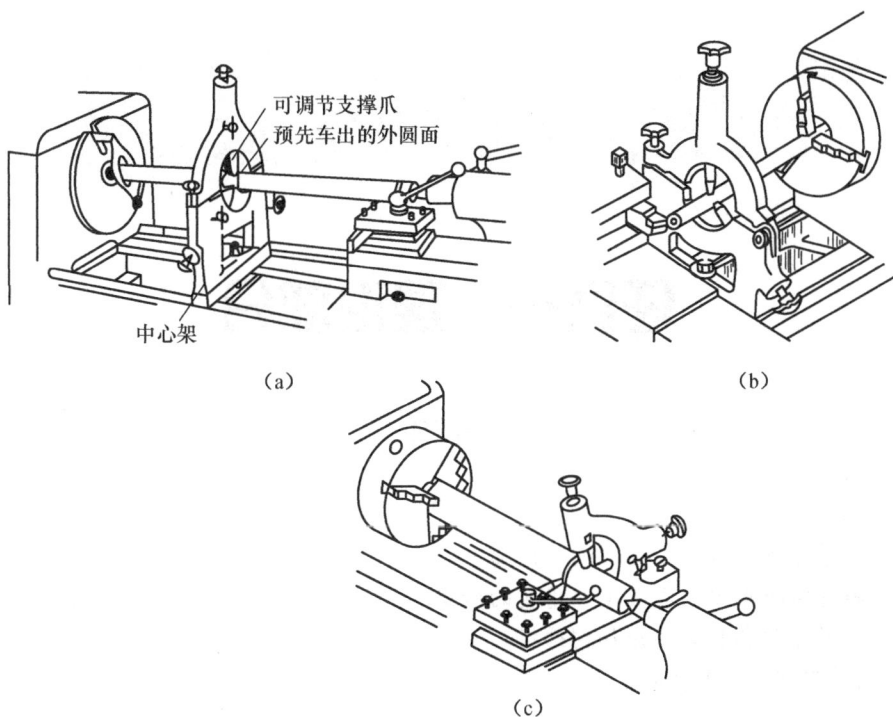

可调节支撑爪
预先车出的外圆面
中心架
（a）

（b）

（c）

图 1-11　用中心架车削外圆、内孔及端面

常用刀具的刃磨

车刀

知识目标 -

1. 理解并掌握车刀的种类及使用范围。
2. 理解并掌握车刀组成及车刀角度的知识。
3. 理解并掌握各种车刀应如何选择。

建议的学习课时：2 学时。

一、车刀的种类和用途

在车削过程中，由于零件的形状、大小和加工要求不同，采用的车刀也不相同。车刀的种类很多，用途各异，现介绍几种常用车刀（图 2-1）。

1. 外圆车刀

外圆车刀又称尖刀，主要用于车削外圆、平面和倒角。外圆车刀一般有三种形状。

① 直头车刀。主偏角与副偏角基本对称，一般在 45°左右，前角可在 5°～30°之间选用，后角一般为 6°～12°。

② 45°弯头车刀。主要用于车削不带台阶的光轴，它可以车外圆、端面和倒角，使用比较方便，刀头和刀尖部分强度高。

③ 75°强力车刀。主偏角为 75°，适用于粗车加工余量大、表面粗糙、有硬皮或形状不规则的零件，它能承受较大的冲击力，刀头强度高，耐用度高。

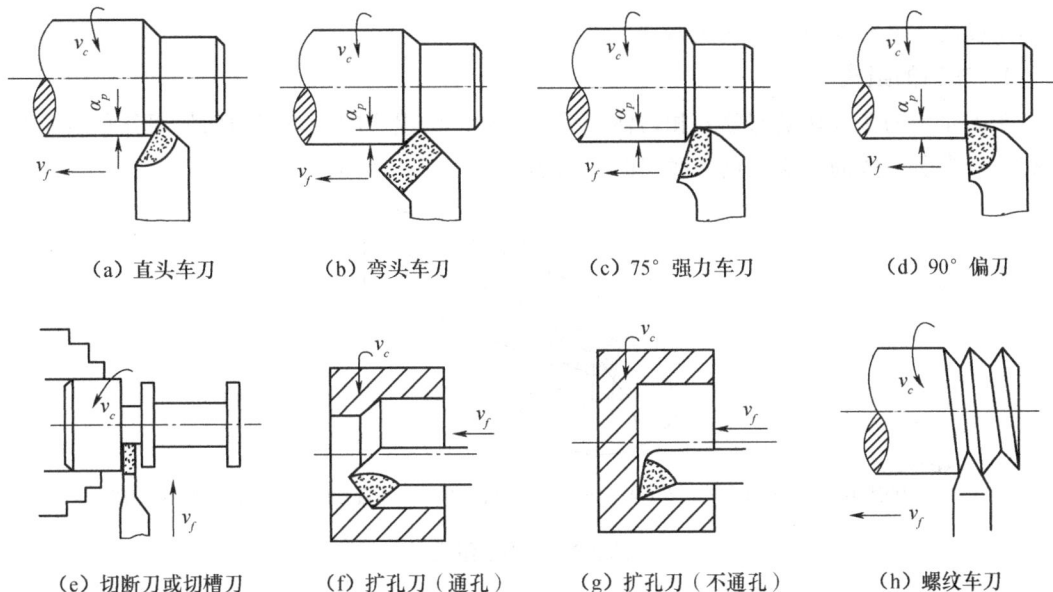

（a）直头车刀　　（b）弯头车刀　　（c）75° 强力车刀　　（d）90° 偏刀

（e）切断刀或切槽刀　　（f）扩孔刀（通孔）　　（g）扩孔刀（不通孔）　　（h）螺纹车刀

图 2-1　常用车刀的种类和用途

2．偏刀

偏刀的主偏角为 90°，用来车削工件的端面和台阶，有时也用来车外圆，特别是用来车削细长工件的外圆，可以避免把工件顶弯。偏刀分为左偏刀和右偏刀两种，常用的是右偏刀，它的刀刃向左。

3．切断刀和切槽刀

切断刀的刀头较长，其刀刃狭长，这是为了减少工件材料消耗和切断时能切到中心。因此，切断刀的刀头长度必须大于工件的半径。

切槽刀与切断刀基本相似，只不过其形状应与槽间一致。

4．扩孔刀

扩孔刀又称镗孔刀，用来加工内孔。它可以分为通孔刀和不通孔刀两种。通孔刀的主偏角小于 90°，一般在 45°～75° 之间，副偏角为 20°～45°，扩孔刀的后角应比外圆车刀稍大，一般为 10°～20°。不通孔刀的主偏角应大于 90°，刀尖在刀杆的最前端，为了使内孔底面车平，刀尖与刀杆外端距离应小于内孔的半径。

5．螺纹车刀

螺纹按牙形有三角形、方形和梯形等，相应使用三角形螺纹车刀、方形螺纹车刀和梯形螺纹车刀等。螺纹的种类很多，其中以三角形螺纹应用最广。采用三角形螺纹车刀车削公制螺纹时，其刀尖角必须为 60°，前角取零度。

二、车刀组成及车刀角度

车刀是形状最简单的单刃刀具，其他各种复杂刀具都可以看做车刀的组合和演变，有关车刀角度的定义，均适用于其他刀具。

1. 车刀的组成

车刀是由刀头（切削部分）和刀体（夹持部分）所组成的。车刀的切削部分是由三面、二刃、一尖所组成的，即一点二线三面（图 2-2）。

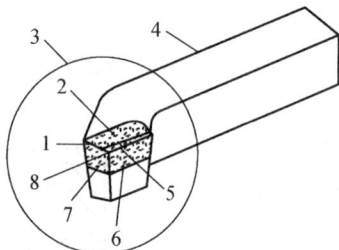

1—副切削刃；2—前刀面；3—刀头；4—刀体；5—主切削刃；6—主后刀面；7—副后刀面；8—刀尖

图 2-2　车刀的组成

① 前刀面　切削时，切屑流出所经过的表面。

② 主后刀面　切削时，与工件加工表面相对的表面。

③ 副后刀面　切削时，与工件已加工表面相对的表面。

④ 主切削刃　前刀面与主后刀面的交线。它可以是直线或曲线，担负着主要的切削工作。

⑤ 副切削刃　前刀面与副后刀面的交线。一般只担负少量的切削工作。

⑥ 刀尖　主切削刃与副切削刃的相交部分。为了强化刀尖，常磨成圆弧形或成一小段直线称过渡刃（图 2-3）。

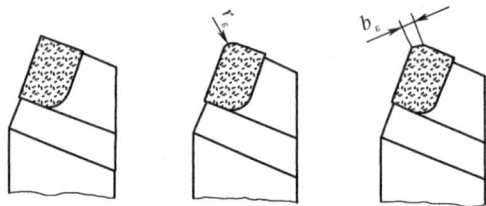

（a）切削刃的实际交点　　（b）圆弧过渡刃　　（c）直线过渡刃

图 2-3　刀尖的形成

2. 车刀角度

车刀的主要角度有前角 γ_0、后角 α_0、主偏角 κ_r、副偏角 κ'_r 和刃倾角 λ_s（图 2-4）。

车刀的角度是在切削过程中形成的，它们对加工质量和生产率等起着重要作用。在切削时，与工件加工表面相切的假想平面称为切削平面，与切削平面相垂直的假想平面称为基面，另外还采用机械制图的假想剖面（主剖面），由这些假想的平面再与刀头上存在的三面二刃就可构成实际起作用的刀具角度（图 2-5）。对车刀而言，基面呈水平面，并与车刀底面平行。切削平面、主剖面与基面是相互垂直的。

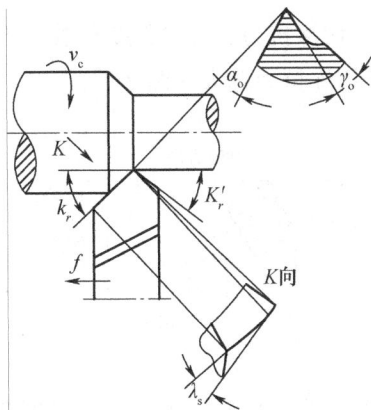

图 2-4　车刀的主要角度

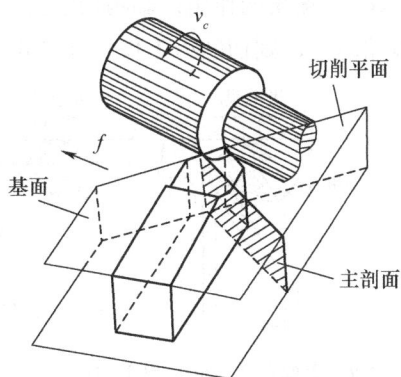

图 2-5　确定车刀的角度辅助平面

（1）前角 γ_o

前角是指前刀面与基面之间的夹角，其表示前刀面的倾斜程度。前角可分为正、负、零，前刀面在基面之下则前角为正值，反之为负值，相重合为零。一般所说的前角是指正前角。图 2-6 为前角与后角的剖视图。

① 前角的作用：增大前角，可使刀刃锋利、切削力降低、切削温度低、刀具磨损小、表面加工质量高。但过大的前角会使刃口强度降低，容易造成刃口损坏。

② 选择原则：用硬质合金车刀加工钢件（塑性材料等），一般选择 $\gamma_o=10°\sim20°$；加工灰口铸铁（脆性材料等），一般选择 $\gamma_o=5°\sim15°$。精加工时，可取较大的前角，粗加工应取较小的前角。工件材料的强度和硬度大时，前角取较小值，有时甚至取负值。

（2）后角 α_o

后角是指主后刀面与切削平面之间的夹角，其表示主后刀面的倾斜程度。

① 后角的作用：减少主后刀面与工件之间的摩擦，并影响刃口的强度和锋利程度。

② 选择原则：一般后角可取 $\alpha_o=6°\sim8°$。

（3）主偏角 κ_r

主偏角是指主切削刃与进给方向在基面上投影间的夹角（图 2-7）。

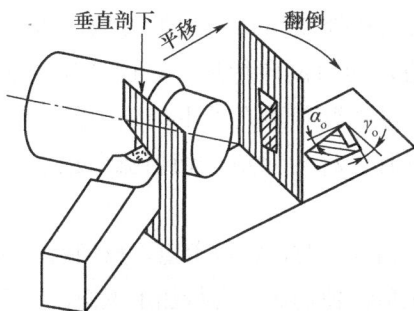

图 2-6　前角与后角

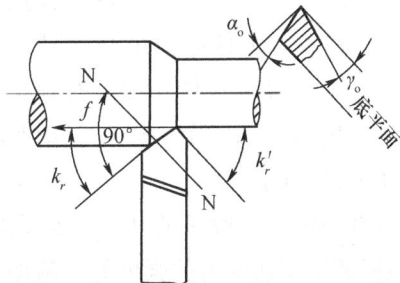

图 2-7　车刀的主偏角与副偏角

① 主偏角的作用：影响切削刃的工作长度（图 2-8）、切深抗力、刀尖强度和散热条件。主偏角越小，则切削刃工作长度越长，散热条件越好，但切深抗力越大（图 2-9）。

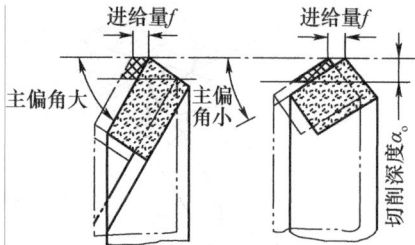

图 2-8　主偏角改变时，对主刀刃工作长度的影响　　图 2-9　主偏角改变时，径向切削力的变化图

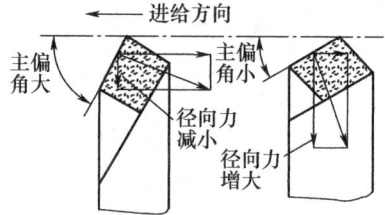

② 选择原则：车刀常用的主偏角有 45°、60°、75°、90°等几种。工件粗大、刚性好时，可取较小值。车细长轴时，为了减少径向力而引起工件弯曲变形，宜选择较大值。

（4）副偏角 κ'_r

副偏角是指副切削刃与进给方向在基面上投影间的夹角（图 2-7）。

① 副偏角的作用：影响已加工表面的表面粗糙度（图 2-10），减小副偏角可使已加工表面光洁。

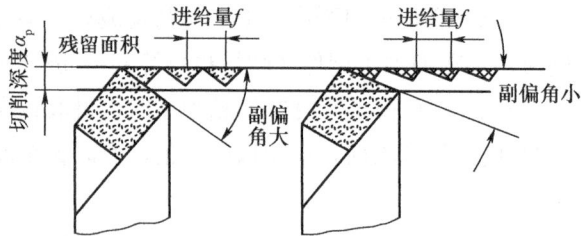

图 2-10　副偏角对残留面积高度的影响

② 选择原则：一般选择 κ'_r=5°～15°，精车时可取 5°～10°，粗车时取 10°～15°。

（5）刃倾角 λ_s

刃倾角是指主切削刃与基面间的夹角，刀尖为切削刃最高点时为正值，反之为负值。

① 刃倾角的作用：主要影响主切削刃的强度和控制切屑流出的方向。以刀杆底面为基准，当刀尖为主切削刃最高点时，λ_s 为正值，切屑流向待加工表面，如图 2-11（a）所示；当主切削刃与刀杆底面平行时，λ_s=0°，切屑沿着垂直于主切削刃的方向流出，如图 2-11（b）所示；当刀尖为主切削刃最低点时，λ_s 为负值，切屑流向已加工表面，如图 2-11（c）所示。

② 选择原则：一般 λ_s 在 0°～±5°之间选择。粗加工时，常取负值，虽切屑流向已加工表面，但保证了主切削刃的强度好。精加工常取正值，使切屑流向待加工表面，从而不会划伤已加工表面的质量。

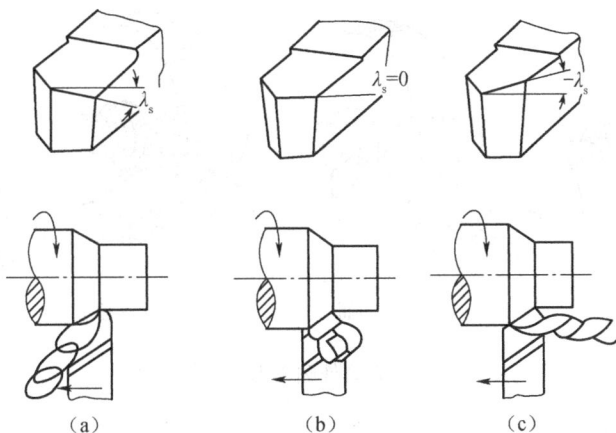

图 2-11　刃倾角对切屑流向的影响

任务二　实操部分

刀具的刃磨

技能目标

1. 熟悉掌握学校实习工厂的卧式车床结构和各个操作手柄的功用。
2. 掌握卧式车床的各项基本操作技能。
3. 学会遵守安全文明生产及劳动纪律。

建议的学习课时：3 课时。

一、高速钢 90 偏刀的刃磨

无论是硬质合金车刀还是高速钢车刀，在使用之前都要根据切削条件所选择的合理切削角度进行刃磨，一把用钝了的车刀，为恢复原有的几何形状和角度，也必须重新刃磨。

磨高速钢车刀用氧化铝砂轮（白色），磨硬质合金车刀用碳化硅砂轮（绿色）。

1. 磨刀步骤（图 2-12）

① 磨前刀面。把前角和刃倾角磨正确。

② 磨主后刀面。把主偏角和主后角磨正确。

③ 磨副后刀面。把副偏角和副后角磨正确。

④ 磨刀尖圆弧。圆弧半径为 0.5～2mm。

⑤ 研磨刀刃。车刀在砂轮上磨好以后，再用油石加些机油研磨车刀的前面及后面，使刀刃锐利和光洁，这样可延长车刀的使用寿命。车刀用钝程度不大时，也可用油石在刀架上修磨。硬质合金车刀可用碳化硅油石修磨。

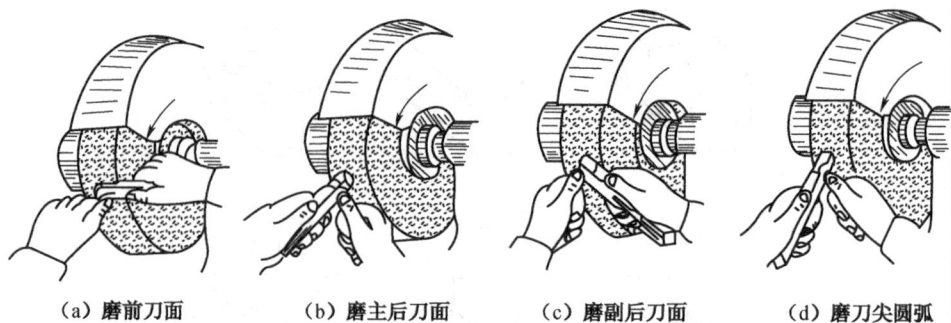

（a）磨前刀面　　　　（b）磨主后刀面　　　　（c）磨副后刀面　　　　（d）磨刀尖圆弧

图 2-12　刃磨外圆车刀的一般步骤

2．磨刀注意事项

① 人站立在砂轮机的侧面，以防砂轮碎裂时，碎片飞出伤人。

② 两手握刀的距离放开，两肘夹紧腰部，以减小磨刀时的抖动。

③ 磨刀时，车刀要放在砂轮的水平中心，刀尖略向上翘约 $3°～8°$，车刀接触砂轮后应做左右方向水平移动。当车刀离开砂轮时，车刀需向上抬起，以防磨好的刀刃被砂轮碰伤。

④ 磨后刀面时，刀杆尾部向左偏过一个主偏角的角度；磨副后刀面时，刀杆尾部向右偏过一个副偏角的角度。

⑤ 修磨刀尖圆弧时，通常以左手握车刀前端为支点，用右手转动车刀的尾部。

3．车刀刃磨工作图（图 2-13）

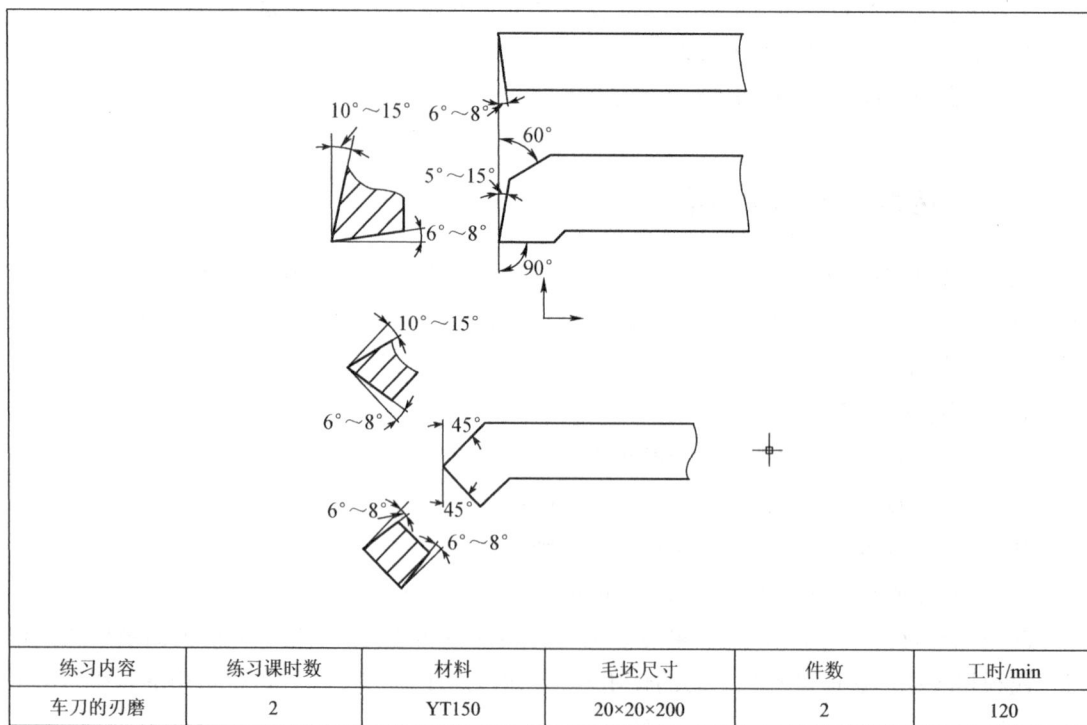

练习内容	练习课时数	材料	毛坯尺寸	件数	工时/min
车刀的刃磨	2	YT150	20×20×200	2	120

图 2-13　车刀刃磨工作图

二、项目考核及成绩评价

考核分实操（应会）部分和理论（应知）考试部分考核，实操以现场考核和工件测量进行，理论以学生完成的作业批改为主。

考核及成绩评价表（车刀）

	实操成绩考核评定				
序号	考评内容	权重	平分标准	得分	备注
1	前角	20	超差扣 5～10 分		
2	主、副偏角	30	超差扣 5～10 分		
3	主、副后角	20	超差扣 5～10 分		
4	面平、刃直	20	不平、不直扣 5～10 分		
5	各表面粗糙度 $R_a6.3$	10	$R_a>6.3$ 扣 5～10 分		
6	安全文明生产及劳动纪律		违章扣分		
	记事：		实操成绩总评		
	理论部分考核				

一、判断题（对写"√"，错写"×"）

1. 车刀切削部分的材料必须具有高的硬度、好的耐磨性、良好的耐热性、足够的强度和韧性及良好的工艺性。　　（　）

2. 高速钢车刀的韧性虽然比硬质合金好，但不能用于高速切削。　　（　）

3. 当车削的工件材料较软时，车刀的前角可选择大些。　　（　）

4. 粗加工时，为了保证切削有足够的强度，车刀前角应选择较小的前角。　　（　）

5. 常用车刀按刀具材料不同，可分为高速钢车刀和硬质合金车刀。　　（　）

二、选择题

1、过切削刃上的某一点，垂直于该点切削速度方向的平面称为_____。

　A．切削平面　　　　　B．基面　　　　　C．正交平面

2. 刀具的后角是后刀面与_____之间的夹角。

　A．前刀面　　　　　B．基面　　　　　C．切削平面

3. 刀刃角是_____与基面之间的夹角。

　A．前刀面　　　　　B．后主刀面　　　　　C．主切削刃

4. 前角增大能使车刀_____。

　A．刀刃锋利　　　　　B．切削费力　　　　　C．排屑不畅

三、简答题

1. 车刀的前角是根据什么原则来选择的？

2. 分别说出车刀前角和后角的定义和作用。

实操得分		理论得分		总平分		学生签名	

三、知识拓展

刀具材料

1．刀具材料应具备的性能

（1）高硬度和好的耐磨性

刀具材料的硬度必须高于被加工材料的硬度才能切下金属。一般刀具材料的硬度应在 HRC60 以上。刀具材料越硬，其耐磨性就越好。

（2）足够的强度与冲击韧度

强度是指在切削力的作用下，不至于发生刀刃崩碎与刀杆折断所具备的性能。冲击韧度是指刀具材料在有冲击或间断切削的工作条件下，保证不崩刃的能力。

（3）高的耐热性

耐热性又称红硬性，是衡量刀具材料性能的主要指标，它综合反映了刀具材料在高温下仍能保持高硬度、耐磨性、强度、抗氧化、抗黏结和抗扩散的能力。

（4）良好的工艺性和经济性

2．常用刀具材料

目前，车刀广泛使用硬质合金刀具材料，在某些情况下也使用高速钢刀具材料。

（1）高速钢

高速钢是一种高合金钢，俗称白钢、锋钢、风钢等。其强度、冲击韧度、工艺性很好，是制造复杂形状刀具的主要材料。如成形车刀、麻花钻头、铣刀、齿轮刀具等。高速钢的耐热性不高，约在 640℃左右其硬度下降，不能进行高速切削。

（2）硬质合金

硬质合金以耐热高和耐磨性好的碳化物钴为黏结剂，采用粉末冶金的方法压制成各种形状的刀片，然后用铜钎焊的方法焊在刀头上作为切削刀具的材料。硬质合金的耐磨性和硬度比高速钢高得多，但塑性和冲击韧度不及高速钢。

按 GB2075—87（参照采用 ISO 标准），可将硬质合金分为 P、M、K 三类。

① P 类硬质合金：主要成分为 Wc+Tic+Co，用蓝色作标志，相当于原钨钛钴类（YT）。主要用于加工长切屑的黑色金属，如钢类等塑性材料。此类硬质合金的耐热性为 900℃。

② M 类硬质合金：主要成分为 Wc+Tic+Tac（Nbc）+Co，用黄色作标志，又称通用硬质合金，相当于原钨钛钽类通用合金（YW）。主要用于加工黑色金属和有色金属。此类硬质合金的耐热性为 1000～1100℃。

③ K 类硬质合金：主要成分为 Wc+Co，用红色作标志，又称通用硬质合金，相当于原钨钴类（YG）。主要用于加工短切屑的黑色金属（如铸铁）、有色金属和非金属材料。此类硬质合金的耐热性为 800℃。

外圆、端面的车削

任务一 理论部分

工件装夹、刀具安装及切削用量选择

知识目标 -

1. 理解工件装夹的相关知识。
2. 掌握车刀安装的一般要求。
3. 掌握切削用量选择的原则。
4. 掌握对接车圆柱面和车削端面的方法。

建议的学习课时：2 学时。

一、工件的装夹

1. 三爪自定心卡盘安装工件

三爪自定心卡盘是由爪盘体、小锥齿轮、大锥齿轮（另一端是平面螺纹）和三个卡爪组成的。如图 3-1 所示。三个卡爪上有与平面螺纹相同的螺牙与之配合，三个卡爪在爪盘体中的导槽中呈 120°均布。爪盘体的锥孔与车床主轴前端的外锥面配合，起对中作用，通过键来传递扭矩，最后用螺母将爪盘体锁紧在主轴上。当转动其中一个小锥齿轮时，即带动大锥齿轮转动，其上的平面螺纹又带动三个卡爪同时向中心或向外移动，从而实现自动定心。定心精度不高，约为 0.05～0.15mm。三个卡爪有正爪和反爪之分，有的卡盘可将卡爪反装即成反爪，当换上反爪即可安装较大直径的工件（图 3-1（c））。

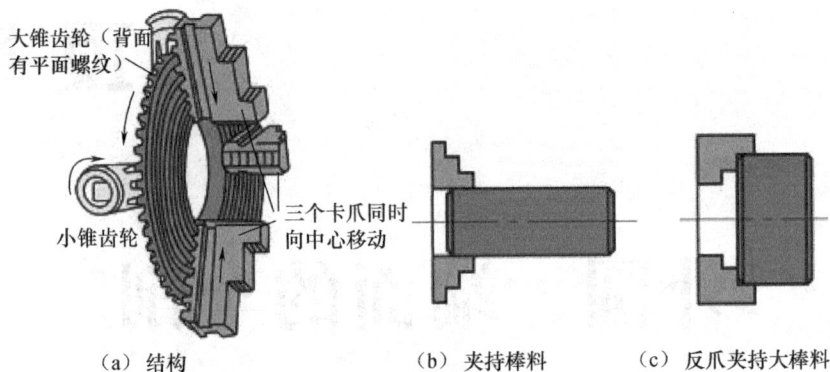

（a）结构　　　　　　（b）夹持棒料　　　（c）反爪夹持大棒料

图 3-1　三爪自定心卡盘结构和工件安装

2. 直接装夹工件

当直径较小时，工件置于三个长爪之间装夹（图 3-1（b）），当工件直径较大，用顺爪不便装夹时，可将三个顺爪换成反爪进行装夹（图 3-1（c））。

3. 用一夹一顶安装工件

对一般较长的工件，尤其是较重要的工件，不能直接用三爪自定心卡盘装夹，而要用一端夹住，另一端用后顶尖顶住的装夹方法，如图 3-2 所示。

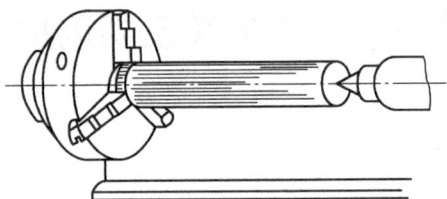

图 3-2　一夹一顶装夹工件

二、刀具的安装

车刀必须正确牢固地安装在刀架上，如图 3-3 所示。

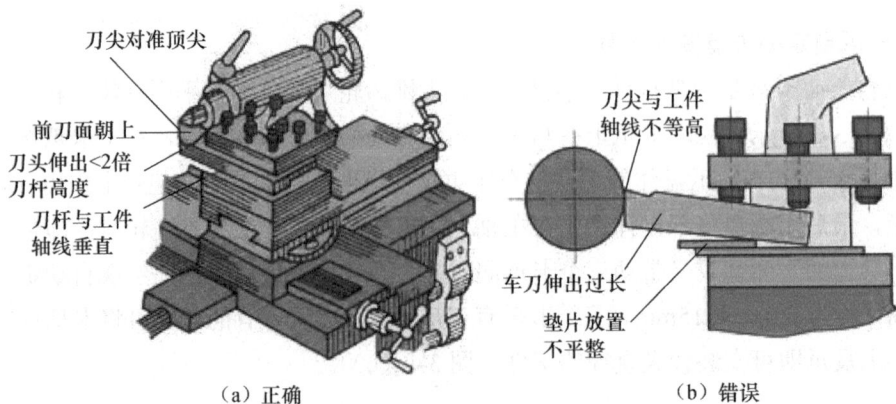

（a）正确　　　　　　　　　　（b）错误

图 3-3　车刀的安装

安装车刀应注意下列几点。

① 刀头不宜伸出太长，否则切削时容易产生振动，影响工件加工精度和表面粗糙度。一般刀头伸出长度不超过刀杆厚度的 2 倍，能看见刀尖车削即可。

② 刀尖应与车床主轴中心线等高。车刀装得太高，后角减小，则车刀的主后刀面会与工件产生强烈的摩擦；如果装得太低，前角减小，则切削不顺利，会使刀尖崩碎。刀尖的高低，可根据尾座顶尖高低来调整。

③ 车刀底面的垫片要平整，并尽可能用厚垫片，以减少垫片数量。调整好刀尖高低后，至少要用两个螺钉交替将车刀拧紧。

三、车削参数的选择

1．主轴转速和车刀的进给量

主轴的转速是根据切削速度计算选择的。而切削速度的选择则和工件材料、刀具材料及工件加工精度有关。用高速钢车刀车削时，v_c=0.3～1m/s，用硬质合金刀时，v_c=1～3m/s。车硬度高钢比车硬度低钢的转速低一些。

例如，用硬质合金车刀加工直径 D＝200mm 的铸铁带轮，选择的切削速度 v_c＝0.9m/s，计算主轴的转速为

$$n = \frac{1000 \times 60 \times V_c}{\pi D} = \frac{1000 \times 60 \times 0.9}{3.14 \times 200} \approx 99 \quad (\text{r/min})$$

进给量是根据工件加工要求确定的。粗车时，一般取 0.2～0.3mm/r；精车时，随所需要的表面粗糙度而定。例如，表面粗糙度为 R_a3.2 时，选用 0.1～0.2mm/r；R_a1.6 时，选用 0.06～0.12mm/r，等。进给量的调整可对照车床进给量表扳动手柄位置，具体方法与调整主轴转速相似。

2．粗车和精车

粗车的目的是尽快地切去多余的金属层，使工件接近于最后的形状和尺寸。粗车后应留下 0.5～1mm 的加工余量。

精车是切去余下少量的金属层以获得零件所求的精度和表面粗糙度，因此切削深度较小，约 0.1～0.2mm，切削速度则可用较高或较低速，初学者可用较低速。为了提高工件表面粗糙度，用于精车的车刀的前、后刀面应采用油石加机油磨光，有时刀尖磨成一个小圆弧。

四、端面的车削

车端面时，刀具的主刀刃要与端面有一定的夹角。工件伸出卡盘外部分应尽可能短些，车削时用中拖板横向走刀，走刀次数根据加工余量而定，可采用自外向中心走刀，也可以采用自圆心向外走刀的方法。

常用端面车削时的几种情况如图 3-4 所示。

（1）车端面时的注意事项

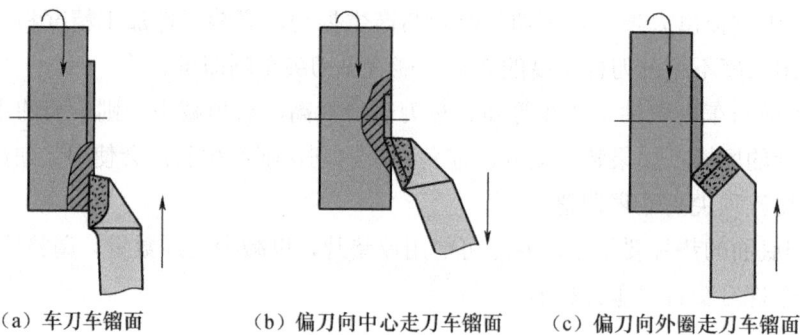

（a）车刀车镏面   （b）偏刀向中心走刀车镏面   （c）偏刀向外圈走刀车镏面

图 3-4　端面的车削方法

① 车刀的刀尖应对准工件中心，以免车出的端面中心留有凸台。

② 偏刀车端面，当切削深度较大时，容易扎刀。切削深度 a_p 的选择：粗车时 a_p=0.2～1mm，精车时 a_p＝0.05～0.2mm。

③ 端面的直径从外到中心是变化的，切削速度也在改变，在计算切削速度时必须按端面的最大直径计算。

④ 车直径较大的端面，若出现凹心或凸肚时，应检查车刀和方刀架，以及大拖板是否锁紧。

（2）车端面的质量分析

① 端面不平，产生凸凹现象或端面中心留"小头"。原因是车刀刃磨或安装不正确；刀尖没有对准工件中心；吃刀深度过大；车床有间隙拖板移动。

② 表面粗糙度差。原因是车刀不锋利；手动走刀摇动不均匀或太快；自动走刀切削用量选择不当。

任务二　实操部分

光轴的加工训练

技能目标

1. 熟练掌握工件的装夹及找正方法。
2. 掌握车削加工中的基本操作技能。
3. 掌握尺寸的正确测量方法。

建议学习课时：4课时。

一、工作准备

1. 工作任务

加工图 3-5 所示的光轴工件，请按如下要求进行：

2. 材料： 尼龙 毛坯准备：ϕ40×160。

3. 刀具及量具： 外圆车刀一把、钢直尺、游标卡尺、外卡钳、划针盘等。

实训步骤：

1. 读图

（1）加工一光轴，合格尺寸为：ϕ38±0.2（第一次练习），ϕ36.5±0.2（第二次练习），ϕ35±0.2（第一次练习）；

（2）加工到尺寸 ϕ38±0.2 时，工件的合格尺寸范围是多大？

2. 工件的装夹和找正

（1）检查来料尺寸，测量毛坯的外径及长度是否符合要求；

（2）装夹一端，伸出 90mm，用画线针找正。

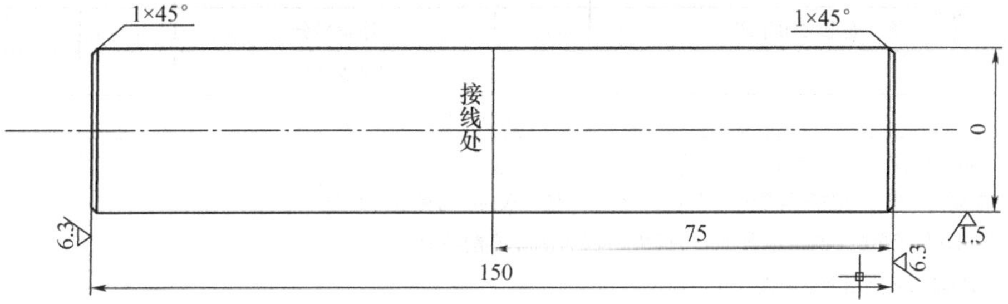

次数	1	2	3
0	$\phi(38\pm0.20)$	$\phi(36.5\pm0.20)$	$\phi(35\pm0.20)$

图 3-5　光轴工件图

3. 所需准备

① 刀具及量具：外圆车刀 1 把、150mm 游标卡尺 1 把。

② 毛坯准备：ϕ40mm×155mm 的铝棒材料。

二、加工工艺步骤

请按如下步骤加工外圆及端面。

① 粗车外圆ϕ38，留工序余量 1mm，长 75mm，精车外圆至ϕ（38±0.2），倒角 1×45°。

② 调头垫铜皮装夹，用画线针找正。

③ 粗车外圆ϕ38，留工序余量 1mm，长 75mm，精车外圆至ϕ（38±0.2），倒角 1×45°。

④ 按以上操作过程和表列尺寸再重复进行 2 次操作，尺寸分别达到ϕ（36.5±0.2）和ϕ

（35±0.2）。

三、项目考核及成绩评价

考核分实操（应会）部分和理论（应知）考试部分考核，实操以现场考核和工件测量进行，理论以学生完成的作业批改为主。

考核及成绩评价表（外圆、端面的车削）

实操成绩考核评定					
序号	考评内容	权重	平分标准	得分	备注
1	ϕ（38±0.20）、ϕ（36.5±0.20）和ϕ（35±0.20）	30	每超差0.04mm扣10分		分三次检验
2	接线误差0.20mm	20	每超差0.1mm扣10分		
3	倒角1×45°（2处）	5×2	目测不合格不得分		
4	车刀装夹正确	10	不符合要求不得分		
5	操作姿势正确	10	不符合要求不得分		
6	工作态度与表现	20	积极学习和工作，无迟到		
7	安全文明生产		违章扣分		
记事：			实操成绩总评		
理论部分考核					

一、判断题（对写"√"，错写"×"）

1. 车削端面时，车刀刀尖应稍低于工件中心，否则会使工端面中心处留有凸台。（   ）

2. 45°车刀常用于车削工件的端面和45°倒角，也可以用于车削外圆。（   ）

3. 车削的短轴可直接用卡盘装夹。（   ）

4. 精车塑性材料时，车刀前刀面应磨出较宽的断切屑。（   ）

二、简答题

1. 外圆车刀5个主要标注角度是如何定义的？各有何作用？

2. 安装车刀时有哪些要求？

3. 试切目的是什么？结合实际操作方法说明试切步骤。

实操得分		理论得分		总平分		学生签名	

四、知识拓展

材料一　精车的试切法加工

1. 试切法车削

精车是切去余下少量的金属层以获得零件所求的精度和表面粗糙度，因此切削深度较小，约 0.1～0.2mm，切削速度则可用较高或较低速，初学者可用较低速。为了提高工件表面粗糙度，用于精车的车刀的前、后刀面应采用油石加机油磨光，有时刀尖磨成一个小圆弧。

为了保证加工的尺寸精度，应采用试切法车削。试切法的步骤如图 3-6 所示。

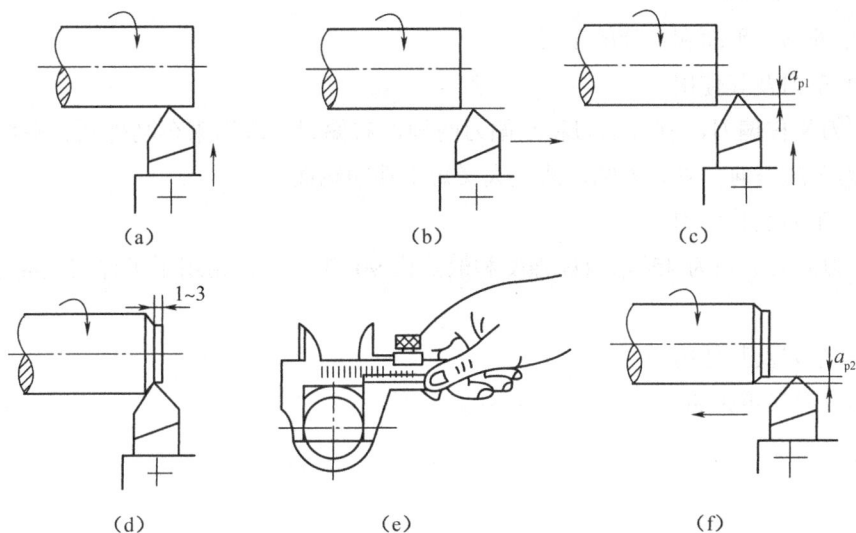

图 3-6　试切步骤

2. 车外圆时的质量分析

① 尺寸不正确：原因是车削时粗心大意，看错尺寸；刻度盘计算错误或操作失误；测量时不仔细、不准确。

② 表面粗糙度不合要求：原因是车刀刃磨角度不对；刀具安装不正确或刀具磨损；切削用量选择不当；车床各部分间隙过大。

③ 外径有锥度：原因是吃刀深度过大，刀具磨损；刀具或拖板松动；用小拖板车削时转盘下基准线不对准"0"线；两顶尖车削时床尾"0"线不在轴心线上；精车时加工余量不足。

材料二　车轴类工件使用的车刀

1. 对车刀的要求

（1）粗车刀

① 前角和后角小些，增加强度，但过小会增加切削力。

② 主偏角不宜过小，否则会振动。

③ 刃倾角取 0°～3°。

④ 主切削刃上磨倒棱 b_{r1}=（0.5～0.8）f。

⑤ 刀尖处磨直线形过渡刃，偏角为 $1/2\kappa_r$，长度为 0.5～2mm。

⑥ 应磨有断屑槽。

（2）精车刀

① 前角和后角大些，锋利，减小摩擦。

② 副偏角较小，可磨修光刃，为（1.2～1.5）f。

③ 刃倾角去正，一般为 3°～8°。

④ 应磨有断屑槽。

（3）车外圆、平面和台阶的车刀

1）90°车刀及其使用

90°车刀又称偏刀，有右偏刀和左偏刀两种，右偏刀一般用来车削外圆、端面和右向台阶。左偏刀车削左向台阶和外圆，或又大又短工件的端面。

2）45°车刀及其使用

45°车刀的刀尖角为 45°，所以强度和散热比 90°车刀好，常用于工件的端面车削和 45°倒角。

3）75°车刀及其使用

75°车刀刀尖角比 90°车刀大，适合强力车削。

阶梯轴的车削加工

任务一　理论部分

台阶及沟槽的车削方法

知识目标

1. 理解并掌握台阶的车削方法。
2. 理解并掌握沟槽的车削方法。
3. 理解并掌握外径的测量量具及方法。

建议学习学时：2课时。

一、台阶车削工艺及方法

车削台阶的方法与车削外圆基本相同，但在车削时应兼顾外圆直径和台阶长度两个方向的尺寸要求，还必须保证台阶平面与工件轴线的垂直度要求。

台阶长度尺寸的控制方法如下所述。

① 台阶长度尺寸要求较低时可直接用大拖板刻度盘控制。

② 台阶长度可用钢直尺或样板确定位置，如图4-1所示。车削时先用刀尖车出比台阶长度略短的刻痕作为加工界限，台阶的准确长度可用游标卡尺或深度游标卡尺测量。

③ 台阶长度尺寸要求较高且长度较短时，可用小滑板刻度盘控制其长度。

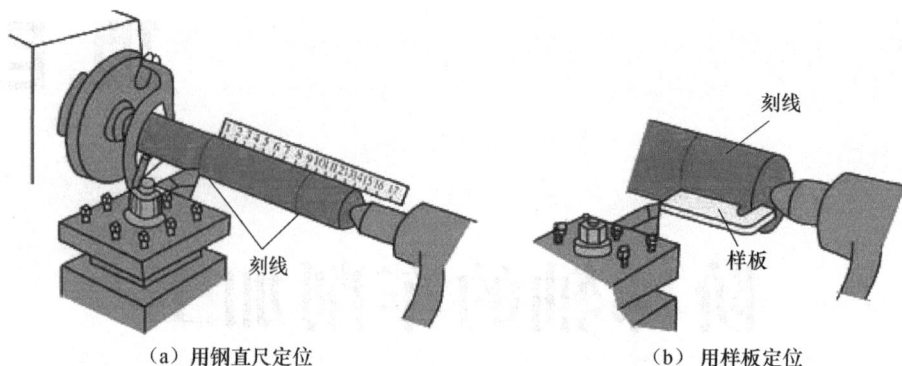

（a）用钢直尺定位　　　　　　　　　　　（b）用样板定位

图 4-1　台阶长度尺寸的控制方法

二、沟槽车削加工及方法

1．切槽

在工件表面上车沟槽的方法称为切槽，形状有外槽，内槽和端面槽。如图 4-2 所示。

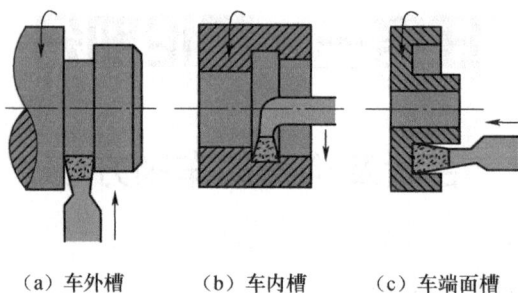

（a）车外槽　　　　　（b）车内槽　　　　　（c）车端面槽

图 4-2　常用切槽的方法

（1）切槽刀的选择

常选用高速钢切槽刀切槽，切槽刀的几何形状和角度如图 4-3 所示。

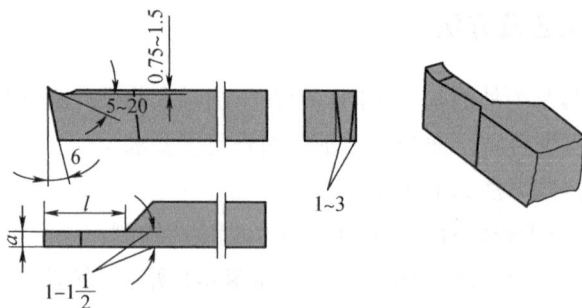

图 4-3　高速钢切槽刀

2．切槽的方法

车削精度不高的和宽度较窄的矩形沟槽，可以用刀宽等于槽宽的切槽刀，采用直进法一次车出。精度要求较高的，一般分二次车成。

车削较宽的沟槽，可用多次直进法切削（图 4-4），并在槽的两侧留一定的精车余量，然后根据槽深、槽宽精车至尺寸。

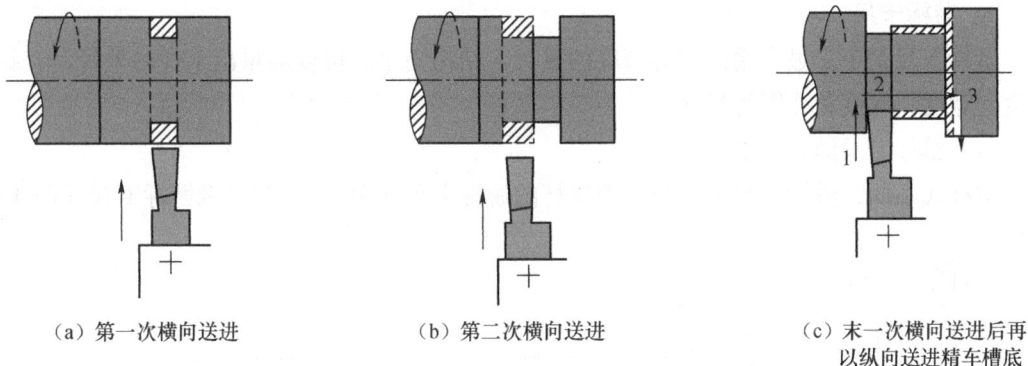

（a）第一次横向送进　　　　（b）第二次横向送进　　　　（c）末一次横向送进后再
以纵向送进精车槽底

图 4-4　切宽槽

3. 切断

切断要用切断刀。切断刀的形状与切槽刀相似，但因刀头窄而长，很容易折断。常用的切断方法有直进法和左右借刀法两种。直进法常用于切断铸铁等脆性材料；左右借刀法常用于切断钢等塑性材料。

切断时应注意以下几点。

① 切断一般在卡盘上进行，如图 4-5 所示。工件的切断处应距卡盘近些，避免在顶尖安装的工件上切断。

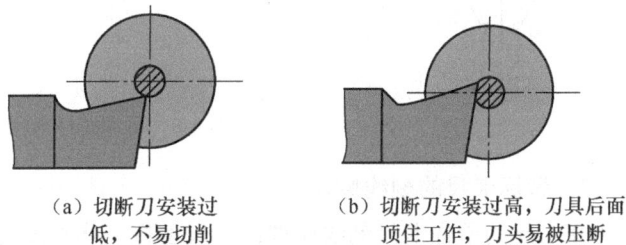

② 切断刀刀尖必须与工件中心等高，否则切断处将剩有凸台，且刀头也容易损坏（图 4-6）。

（a）切断刀安装过低，不易切削　　　　（b）切断刀安装过高，刀具后面顶住工作，刀头易被压断

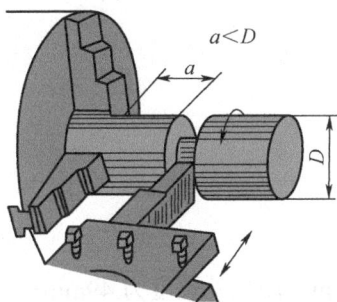

图 4-5　在卡盘上切断　　　　图 4-6　切断刀刀尖必须与工件中心等高

③ 切断刀伸出刀架的长度不要过长，进给要缓慢均匀。将切断时，必须放慢进给速度，以免刀头折断。

④ 两顶尖工件切断时，不能直接切到中心，以防车刀折断，工件飞出。

三、轴类零件测量常用的量具及测量方法

1. 游标卡尺

游标卡尺是车工最常用的中等精度的量具，结构简单，可以测量出工件的外径、孔径、长度、宽度、深度和孔距等尺寸。

（1）游标卡尺的结构形状

按样式不同，游标卡尺可分为带测深杆的游标卡尺（图4-7）和可调游标卡尺（图4-8）两种。

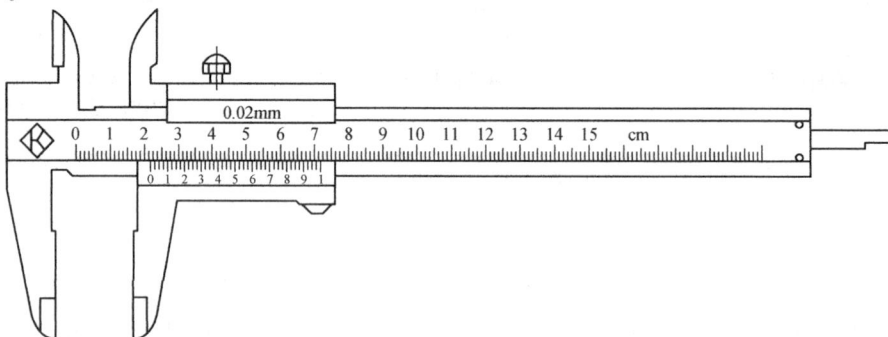

图 4-7　带测深杆的游标卡尺

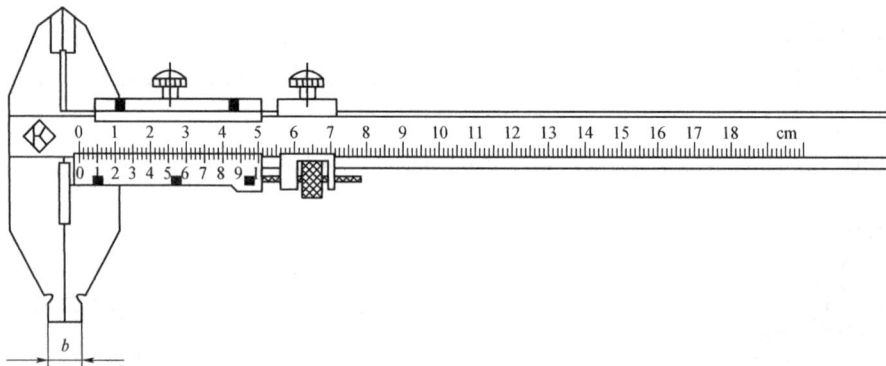

图 4-8　可调游标卡尺

（2）游标卡尺的刻线原理

0.02mm 的游标卡尺刻线原理：主尺上每一格长度为 1 mm，副尺总长度为 49mm，并等分为 50 格，每格长度为 49/50＝0.98mm，则主尺 1 格和副尺 1 格长度之差为 1-0.98＝0.02mm，所以它的精度为 0.02mm。0.02mm 游标卡尺的刻线原理如图 4-9 所示。

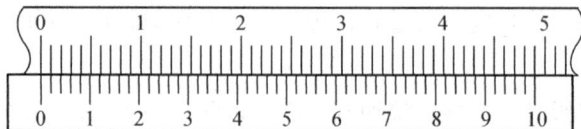

图 4-9　0.02mm 的游标卡尺刻线原理

（3）游标卡尺的读数原理及读数方法

以 0.02mm 游标卡尺为例。

第一步：根据副尺零刻线以左主尺上的最近刻度读出整数，如 19 mm，如图 4-10 所示。

第二步：根据副尺零刻线以右与主尺某一刻线对准的刻度数读出小数，如 0.72mm，如图 4-10 所示。

第三步：将主尺上读出的整数部分和副尺上读出的小数部分相加，即为所得测量值，即 19+0.72＝19.72mm。

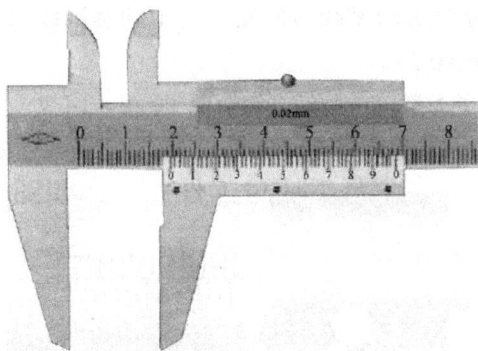

图 4-10　游标卡尺的读数

2．千分尺

（1）千分尺的结构种类

千分尺是利用螺纹原理制成的一种精密量具，测量精度是 0.01mm，其种类如图 4-11 所示。外径千分尺是用来测量工件外径的千分尺，其测量范围有 0～25mm、25～50mm、50～75mm、75～100mm、100～125mm 等，每隔 25mm 为一挡。

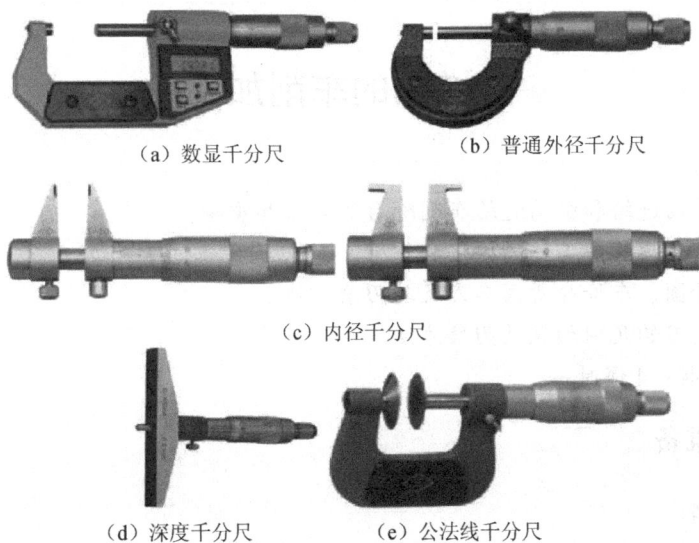

（a）数显千分尺　　　　　　（b）普通外径千分尺

（c）内径千分尺

（d）深度千分尺　　　（e）公法线千分尺

图 4-11　千分尺

（2）外径千分尺的刻线原理

测微螺杆右端螺纹为 0.5mm。当微分筒转一周时，螺杆就能移动 0.5mm。微分筒圆锥面上共刻有 50 格，因此微分筒每转一格，螺杆就移动 0.5/50＝0.01mm，这种外径千分尺的读取值即为 0.01mm。

（3）外径千分尺的读数方法

① 首先读出活动微分筒斜面边缘处露出的固定套管上刻线的整毫米数和半毫米数，如图 4-12 所示为 13.5mm。

② 其次读出活动微分筒上的刻线与固定套管上的基准线所对准的数值即小数部分，图 4-12 所示为 27×0.01mm=0.27。

③ 将固定套管上读出的整数部分与活动微分筒上读出的小数部分相加，即为所得测量值，即 13.5+0.27＝13.77mm（注：如果同学们用熟悉了，可直接从千分尺上读出尺寸数据来）。

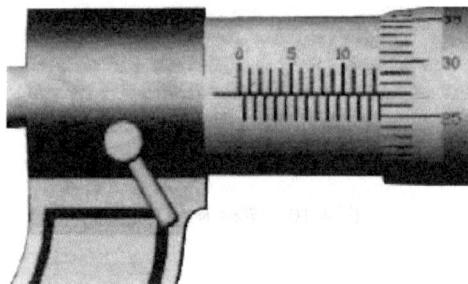

图 4-12　外径千分尺的读数

任务二　实操部分

阶梯轴的车削加工

技能目标

1. 掌握用手动进给和机动进给车削阶台的方法和步骤。
2. 理解一夹一顶装夹工件的方法和步骤。
3. 熟悉车外圆、车阶台所用车刀及其刃磨方法。
4. 掌握切断刀的几何形状及刃磨方法。

建议学习学时：4 课时。

一、工作准备

1. 工作任务

加工图 4-13 所示的阶梯轴工件，请按如下要求进行。

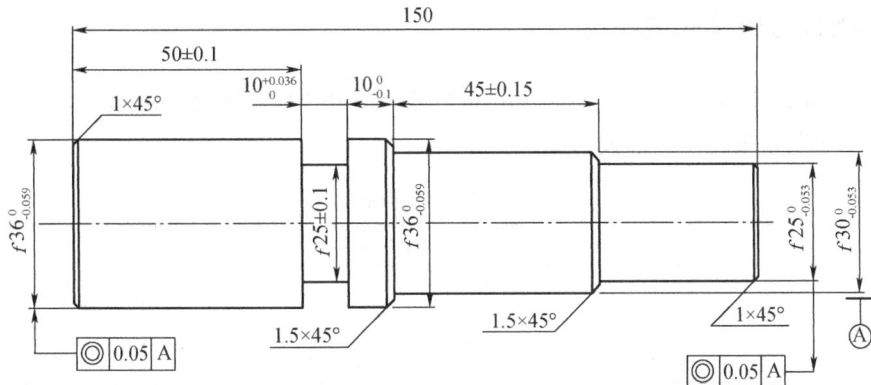

图 4-13　阶梯轴的加工

2. 所需准备

① 材料：尼龙。

② 毛坯准备：项目 2 加工完成的工件。

③ 刀具及量具：90°外圆车刀、切断刀和切槽刀各一把、钢直尺、游标卡尺、外卡钳、划针盘等。

二、实训步骤

图 4-13 所示工件的坯料为项目 2 加工后留下的工件。

① 用三爪自定心卡盘夹住工件φ36 外圆（露出部分长度不少于 100mm）。

② 用 90°车刀手动进给粗车φ30、φ25 两级外圆，留 1.5mm 精车余量，并保证阶台长度。

③ 调头夹住φ30 外圆，用手动进给粗车φ36 外圆，留 1.5mm 余量。

④ 用切断刀手动进给车槽至尺寸。

⑤ 精车（机动）φ36、φ30、φ25 外圆至尺寸、倒角符合要求。

注意事项：

① 夹持工件必须牢固可靠。

② 开车前检查卡盘扳手是否已从卡盘上取下放好。

③ 车阶台时，阶台面和外圆相交处一定要清角不允许出现凹坑和凸台。

④ 粗车阶台时，车刀装夹如图 4-14（a）所示。精车阶台时，为保证阶台面和工件轴线垂直装夹，90°车刀应使主偏角大于 90°（图 4-14（b））。当阶台长度车至尺寸后，应手动进给由中心向外缘方向退出，以保证阶台面与轴线垂直。

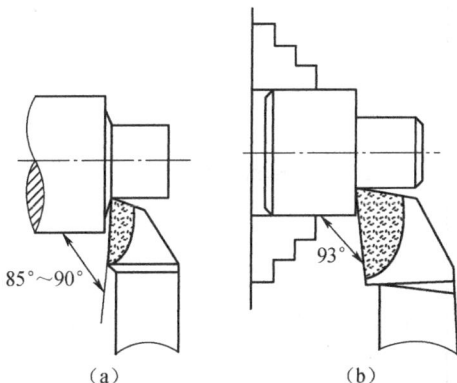

图 4-14　车刀的选择与装夹

三、项目考核及成绩评价

考核分实操（应会）部分和理论（应知）考试部分考核，实操以现场考核和工件测量进行，理论以学生完成的作业批改为主。

考核及成绩评价表

实操成绩考核评定					
序号	考评内容	权重	平分标准	得分	备注
1	直径方向公差要求	10×3	每项超差 0.01mm 扣 5 分		
2	长度方向公差要求	10×3	每超差 0.1mm 扣 5 分		
3	切槽（直径和宽度）	10×2	每超差 0.1mm 扣 5 分		
4	车刀装夹正确	10	不符合要求不得分		
5	操作姿势正确	10	不符合要求不得分		
6	安全文明生产及劳动纪律		违章扣分		
记事：			实操成绩总评		

理论部分考核

一、判断题（对写"√"，错写"×"）

1．主偏角等于 90°的车刀一般称为偏刀。　　　　　　　　　　　　　　（　　）

2．因三爪卡盘有自动定心作用，故对高精度工件的位置可不必校正。　（　　）

3．车削短轴可直接用卡盘装夹。　　　　　　　　　　　　　　　　　（　　）

4．一夹一顶装夹，适用于工序较多、精度较高的工件。　　　　　　　（　　）

5．钻中心孔时不宜选择较高的机床转速。　　　　　　　　　　　　　（　　）

二、选择题（将正确答案的序号填入括号内）

1．台阶的长度尺寸不可以用（　　）来测量。

　A．钢直尺　　　　　　　　　　　　B．三用游标卡尺

　C．千分尺　　　　　　　　　　　　D．深度游标卡尺

2．对高精度的轴类工件一般是以（　　）定位车削的。

　A．外圆　　　　　　　　　　B．中心孔　　　　　　　　C．外圆与端面

三、简答题

1．试叙述中心孔有何作用。

2．试叙述车阶梯轴的顺序。

3．试说明车削台阶的长度尺寸的控制方法。

实操得分		理论得分		总平分		学生签名	

四、知识拓展

材料一 钻中心孔

1．中心孔的类型

国家标准 GB/T145—2001 规定中心孔有 A 型（不带护锥）、B 型（带护锥）、C 型（带螺孔）和 R 型（弧形）四种，如图 4-15 所示。

2．中心孔的作用

① A 型中心孔有圆柱部分和圆锥部分组成，圆锥部分为 60°，一般适用于不需多次装夹或保留中心孔的零件。

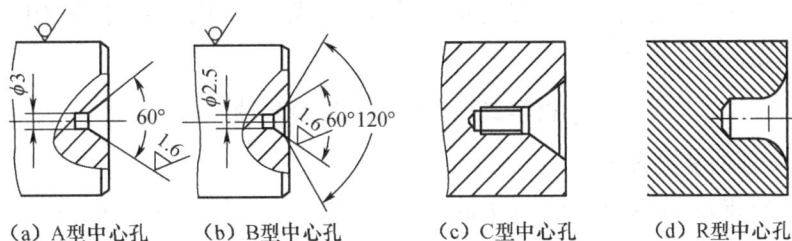

（a）A 型中心孔　　　（b）B 型中心孔　　　（c）C 型中心孔　　　（d）R 型中心孔

图 4-15　中心孔的类型

② B 型中心孔是在 A 型中心孔的端部多一个 120°的圆锥孔，目的是保护 60°锥孔，不使其边缘碰伤。一般适用于多次装夹的零件。

③ C 型中心孔外端形似 B 型中心孔，里端有一个比圆柱孔还要小的内螺纹，它用于工件之间的紧固连接。

④ R 型中心孔是将 A 型中心孔的圆锥母线改为圆弧线，以减少中心孔与顶尖的接触面积，减少摩擦力，提高定位精度。

这四种中心孔的圆柱部分作用：储存油脂，保护顶尖，使顶尖与锥孔 60°配合贴切。圆柱部分的直径，也就是选择中心钻的基本尺寸。

3．中心钻

中心孔通常用中心钻钻出，常用的中心钻有 A 型和 B 型两种，如图 4-16 所示。制造中心钻的材料一般为高速钢。

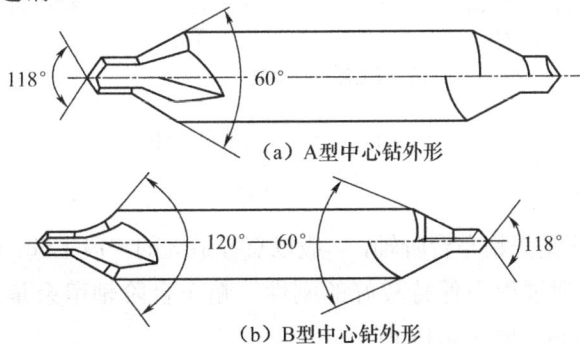

（a）A 型中心钻外形

（b）B 型中心钻外形

图 4-16　中心钻

4．钻中心孔的方法

① 中心钻在钻夹头上装夹。按逆时针方向旋转钻夹头的外套，使钻夹头的三爪张开，把中心钻插入，然后用钻夹头扳手以顺时针方向转动钻夹头的外套，把中心钻夹紧。

② 钻夹头在尾座锥孔中装夹。先擦干净钻夹头柄部和尾部锥孔，然后用轴向力把钻夹头装紧。

③ 找正尾座中心。工件装夹在卡盘上开车转动，移动尾座使中心钻接近工件平面，观察中心钻头部是否与工件旋转中心一致，并找正，然后紧固尾座。

④ 转速的选择和钻削。由于中心孔直径小，钻削时应取较高转速。进给量因小而均匀。当中心钻钻入工件时，加切削液，促使其钻削顺利、光洁。钻毕时应稍停留中心钻，然后退出，使中心孔光、圆、准确。

材料二　一夹一顶车台阶轴

1．一夹一顶的装夹方法

一夹一顶的装夹方法相对于两顶尖的装夹刚性较好，如图 4-17 所示。其一端靠外圆表面定位，另一端则以中心孔定位。为了防止工件轴向移动，通常在卡盘内装一个轴向限位支撑，如图 4-17（a）所示。在工件的被夹部分车一个 10～20mm 长的台阶，作为轴向限位支撑，如图 4-17（b）所示。这种装夹方法比较安全、可靠，能承受较大的轴向切削力，因此它也是车工常用的装夹方法之一。但这种方法的缺点是，对于有相互位置精度要求的工件，调头车削时，找正比较困难。

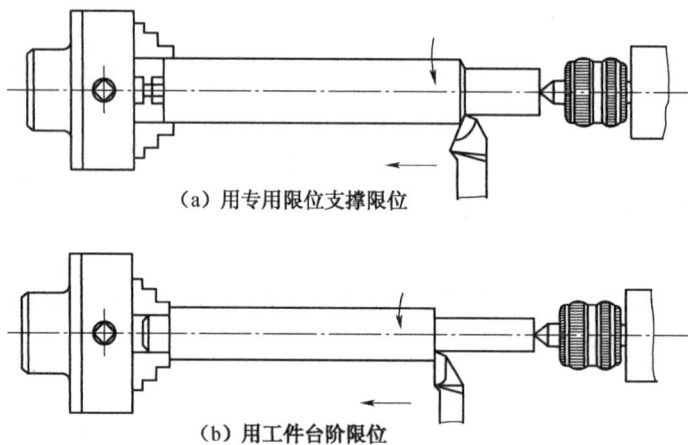

（a）用专用限位支撑限位

（b）用工件台阶限位

图 4-17　一夹一顶装夹工件

2．车台阶轴顺序

台阶轴的车削顺序是先粗车台阶轴，一般以直径最大的一段车起，依次车到最小的一段，这样可使轴在整个车削过程中保持较好的刚性。粗车台阶轴留余量的方法是外径留 1～2mm，长度留 0.5～1mm，如图 4-18 所示。

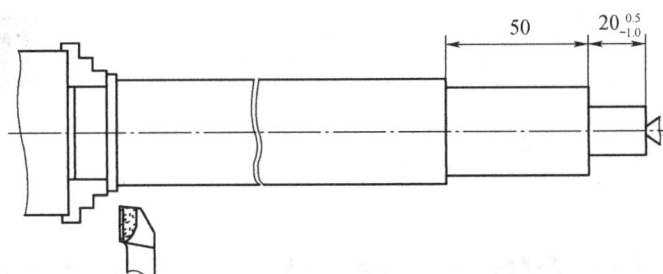

图 4-18　粗车台阶轴

　　精车的顺序与粗车一样，由大直径车至小直径，台阶外圆和长度均车至尺寸，并在外圆上倒角。一夹一顶车外圆，调头车端面、钻中心孔时，要使用中心架作支撑，继续车台阶外圆并倒角。中心架卸下后，工件中心孔用回转顶尖支撑，继续车台阶外圆并倒角，如图 4-19 所示。

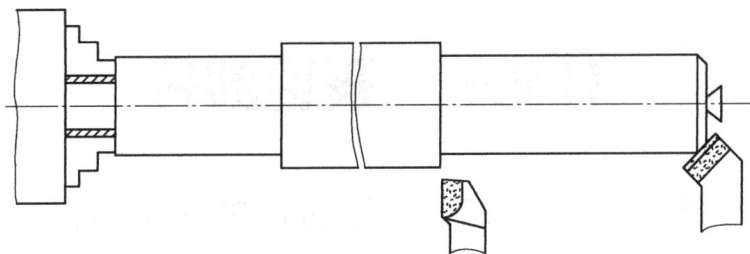

图 4-19　精车台阶轴

带圆锥面阶梯轴的车削

任务一 理论部分

锥度的基本知识及圆锥面的车削方法

知识目标--

1. 掌握锥度的基本知识。
2. 掌握外圆锥面的车削技术。
3. 掌握测量仪器的使用及外圆锥面的测量技术。

建议学习学时：2课时。

一、锥度基本知识

在机床和工具中，常遇见使用圆锥面配合的情况，如车床主轴锥孔与前顶尖锥柄之间的配合，如图 5-1（a）所示；车床尾座锥孔与麻花钻锥柄之间的配合，如图 5-1（b）所示等。

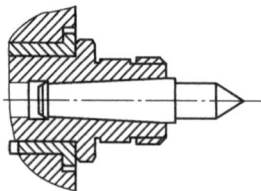

（a）主轴锥孔与前顶尖锥柄的配合　　　　（b）尾座锥孔与麻花钻锥柄的配合

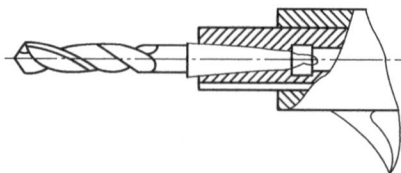

图 5-1　车床上的圆锥面配合

1．圆锥的基本参数

圆锥表面各部分的基本参数如图 5-2 所示。

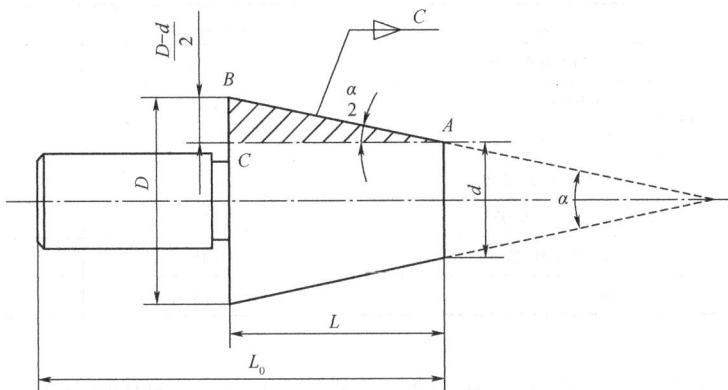

图 5-2　圆锥的基本参数

① 圆锥角 α，是在通过圆锥轴线的截面内，两条素线之间的夹角。车削时经常用到的是圆锥半角 $\alpha/2$。

② 最大圆锥直径 D 简称大端直径。

③ 最小圆锥直径 d 简称小端直径。

④ 圆锥长度 L，最大圆锥直径到最小圆锥直径之间的距离。

⑤ 锥度 C，最大圆锥直径与最小圆锥直径之差与圆锥长度之比。

$$C=(D-d)/L$$

⑥ 斜度 M，最大圆锥直径与最小圆锥直径之差的一半与圆锥长度之比。

$$M=(D-d)/2L$$

组成圆锥的三个基本参数是锥度 C、最大圆锥直径 D（或最小圆锥直径 d）和圆锥长度 L。

2．圆锥配合的特点

① 当圆锥角较小（在 3°以下）时，可传递很大的转矩。

② 装卸方便，虽经多次装卸，仍能保持精确的定心作用。

③ 圆锥配合同轴度较高，并能做到无间隙配合。

3．标准圆锥

为了降低生产成本及使用的方便，常把常用的工具圆锥表面也做成标准化。圆锥表面的各部分尺寸，可按照规定的几个号码来制造，使用时只要号码相同，圆锥表面就能紧密配合和互换。根据标准尺寸制成的圆锥表面称为标准圆锥，常用的主要有以下两种。

（1）莫氏圆锥

莫氏圆锥是在机器制造业中应用最广泛的一种，如车床主轴锥孔、顶尖、钻头柄、铰刀柄等都用莫氏圆锥。莫氏圆锥分成 7 个号码，即 0、1、2、3、4、5 和 6 号，最小的是 0 号，最大的是 6 号。莫氏锥度是从英制换算来的，当号数不同时，圆锥角和尺寸都不同。如表 5-1

所示，由于锥度不同，斜角 α/2 也不同，莫氏圆锥各部分的尺寸可从有关手册中查出。

表 5-1　莫氏圆锥的锥度号数、锥度、圆锥锥角 α、圆锥斜角 α/2

锥度号	锥度	圆锥锥角 α	圆锥斜角 α/2
0	1:19.212=0.05205	2°58'46″	1°29'23″
1	1:20.048=0.0498	2°51'20″	1°25'40″
2	1:20.020=0.04995	2°51'32″	1°25'46″
3	1:19.922=0.050196	2°52'25″	1°26'12″
4	1:19.254=0.051938	2°58'24″	1°29'12″
5	1:19.002=0.0526625	3°0'45″	1°30'22″
6	1:19.180=0.052138	2°59'4″	1°29'32″

（2）米制圆锥

米制圆锥有 8 个号码，即 46、80、100、120、130、140、160 和 200 号。这 8 个号码就是大端的直径，而锥度固定不变，即 C=1:20。例如，80 号米制圆锥，其大端直径是 80mm，锥度 C=1:20。米制圆锥的各部分尺寸可以相关资料中查出。

二、万能角度尺及其使用

万能角度尺又称万能游标量角器，是用来测量内、外角度的量具。按游标的测量精度为 2′和 5′两种，其示值误差分别为±2′和±5′，测量范围是 0°～320°，一般常用的是测量精度为 2′的万能角度尺。

1．万能角度尺的结构

如图 5-3 所示，万能角度尺主要由尺身、扇形板、基尺、游标、90°角尺、直尺和卡块等部分组成。

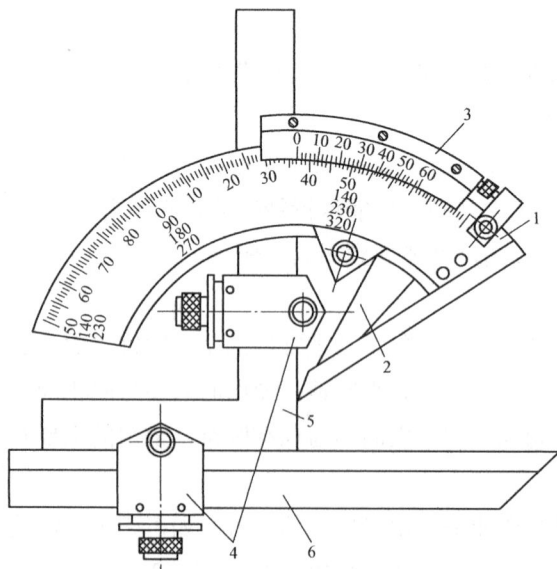

1—尺身；2—基尺；3—游标；4—卡块；5—90°角尺；6—直尺

图 5-3　万能角度尺

2．2′万能角度尺的刻线原理

万能角度尺的尺身刻线每格为 1°，游标共 30 格等分 29°，游标每格为 29/30=58′，尺身 1 格和游标 1 格之差为 1°-58′=2′，所以它的测量精度为 2′。

3．万能角度尺的读数方法

如图 5-4 所示，先读出游标尺零刻度前面的整度数，再看游标卡尺第几条刻线和尺身刻线对齐，读出角度"′"的数值，最后两者相加就是测量角度的数值。

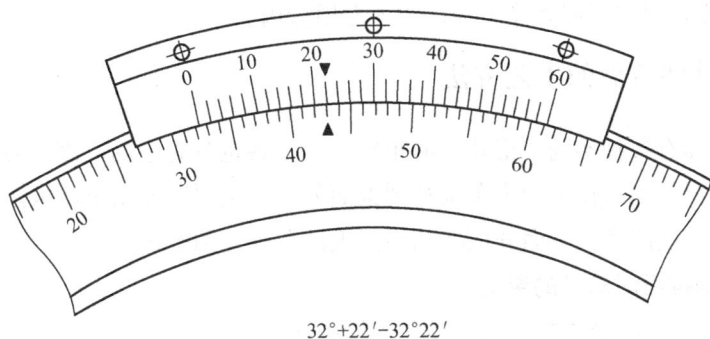

32°+22′=32°22′

图 5-4　万能角度尺的读数法

4．万能角度尺的测量范围

如图 5-5 所示，万能角度尺由于直尺和 90°角尺可以移动和拆换，因此可以测量 0°～320° 的任何角度。

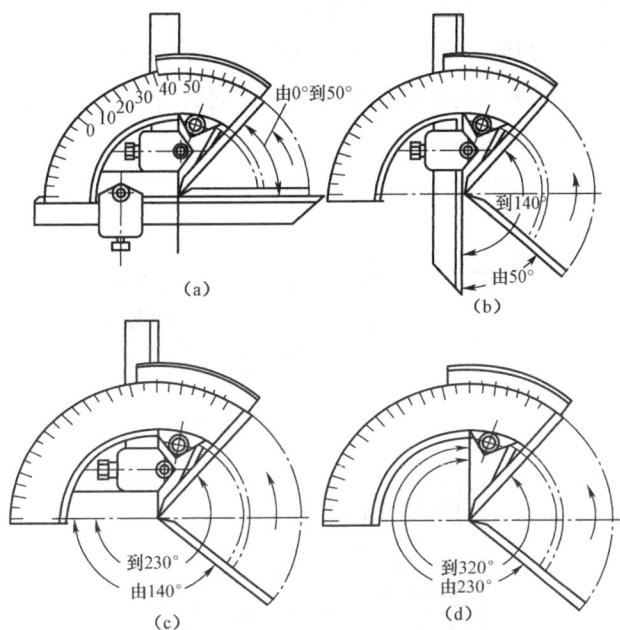

图 5-5　万能角度尺的测量范围

5．注意事项

① 使用前应检查是否与零位对齐。

② 测量时，应使万能角度尺的两测量值与被测件表面在全长上保持良好接触，然后拧紧制动器上的螺母即可读数。

③ 在 50°～140° 范围内测量时，应装上直尺；在 140°～230° 范围内测量时，应装上角尺；在 230°～320° 范围内测量时，不装角尺和直尺。

④ 万能角度尺用完后应擦净上油，放入专用盒内。

三、车削外圆锥面的工艺方法

由于圆锥表面有各种不同的形状，而车床上的设备也各有不同，因此要根据不同情况，采用不同方法进行车削。在车床上车削外圆锥面的方法主要有转动小滑板法、偏移尾座法、宽刀车削法和靠模法四种。下面介绍转动小滑板法车削外圆锥面。

1．车削外圆锥面时车刀的装夹

① 工件的回转中心必须与车床主轴的回转中心重合。

② 车刀的刀尖必须严格对准工件的回转中心，否则车出的圆锥素线不是直线，而是双曲线。

③ 车刀的装夹方法和刀尖对准工件中心的方法与车端面时装刀方法相同。

2．转动小滑板法车圆锥的方法

① 用扳手将小滑板转盘上的两个螺母松开。

② 按工件上外圆锥面的倒、顺方向确定小滑板的转动方向，车削正外圆锥面（即圆锥大端靠近主轴、小端靠近尾座方向）时，小滑板应逆时针方向转动；车削反外圆锥面时，小滑板则应顺时针方向转动，如图 5-6 所示。

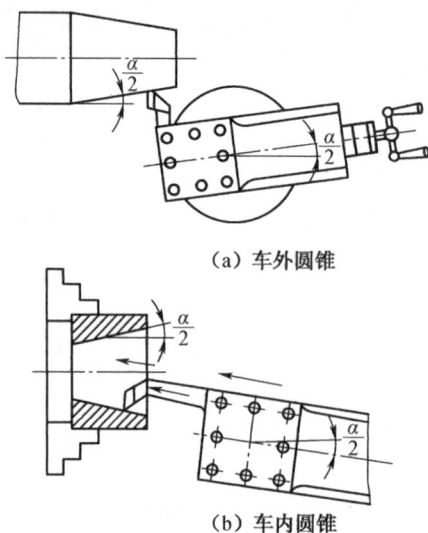

(a) 车外圆锥

(b) 车内圆锥

图 5-6　转动小滑板车锥面

③ 根据确定的转动角度和转动方向转动小滑板至所需的位置，使小滑板基准零线与圆锥半角刻线对齐，然后锁紧转盘上的螺母。

④ 当圆锥半角不是整数值时，其小数部分用目测的方法估计，大致对准后再通过试车逐步找正。

⑤ 转动小滑板时，可以使小滑板转角略大于圆锥半角 $\alpha/2$，但不能小于 $\alpha/2$。转角偏小会使圆锥素线车长，而难以保证圆锥长度尺寸，如图5-7所示。

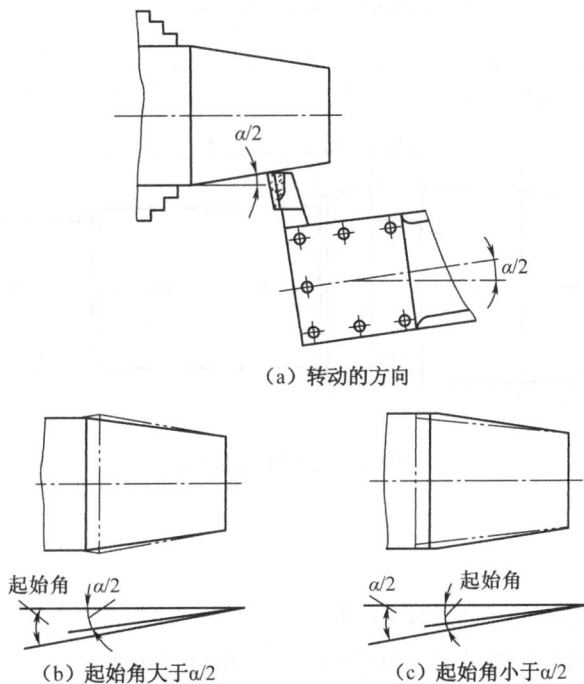

（a）转动的方向

（b）起始角大于$\alpha/2$ （c）起始角小于$\alpha/2$

图 5-7　小滑板转动的方向和角度

⑥ 车削外圆锥面前，应先检查和调整小滑板导轨与镶条间的配合间隙。配合间隙调得过紧，手动进给费力，小滑板移动不均匀；过松则小滑板间隙太大，车削时刀纹时深时浅，所以配合间隙调整应合适。

⑦ 车外圆锥一般应先按圆锥的大端和圆锥部分长度车成圆柱体，然后车圆锥。

任务二　实操部分

带圆锥面阶梯轴的车削

技能目标

1. 学习并掌握小滑板的转动及调整方法。

2. 学习并掌握用转动小滑板法车削圆锥面的方法和步骤。

3. 学习并掌握已加工的圆锥的测量方法。

建议学习学时：4 课时。

一、工作准备

1. 工作任务

加工图 5-8 所示的带圆锥面的阶梯轴工件，请按如下要求进行：

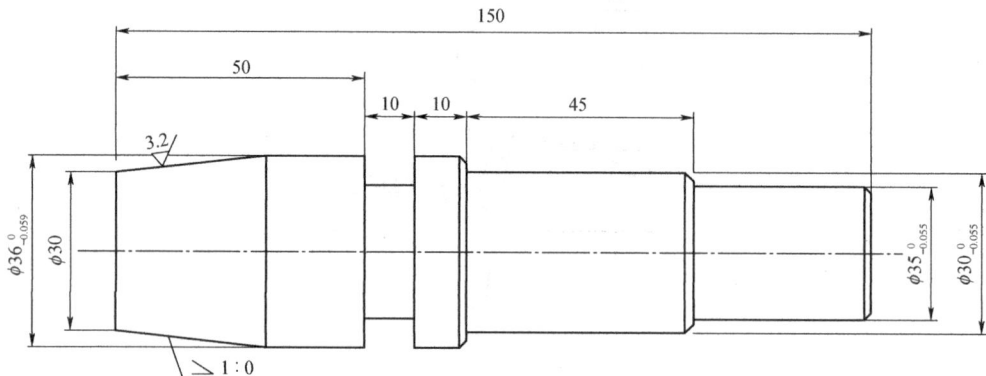

图 5-8　带圆锥面阶梯轴

2. 所需准备

① 材料：尼龙。

② 毛坯准备：项目 4 加工完成的工件。

③ 刀具及量具：90°外圆车刀、万能角度尺、角度器等。

二、加工实操训练

1. 圆锥面的车削

请按如下工艺步骤进行加工实操训练。

① 用三爪自定心卡盘垫铜皮夹住 $\phi30$ 外圆，找正工件并夹牢。

② 用转动小滑板法（小滑板逆时针转动一个圆锥半角 $\alpha/2=2°51'45''$）粗车、长度小于 25mm，以端面为基准测量 α 角（要求在 5 次以内，调准角度）。

③ 精车锥体至要求，去毛刺。

2. 安全及注意事项

① 正式操作前，练习进退刀和倒顺车的配合动作。

② 车刀必须对准工件旋转中心，避免产生双曲线。

③ 旋紧小滑板紧固螺母时，防止扳手打滑，撞伤手部。

注：在时间充足的条件下，可由指导教师安排其他带锥度的工件的加工练习。

三、项目考核及成绩评价

考核分实操（应会）部分和理论（应知）考试部分考核，实操以现场考核和工件测量进行，理论以学生完成的作业批改为主。

考核及成绩评价表

实操成绩考核评定					
序号	考评内容	权重	评分标准	得分	备注
1	工件的装夹是否正确	30	适当扣减		
2	圆锥的角度	30	每超差 0.1° 扣 5 分		
3	圆锥的小端直径	30	每超差 0.05mm 扣 5 分		
4	圆锥面的粗糙度为 $R_a3.2$	10	$R_a>6.3$ 不得分		
5	安全文明生产及劳动纪律		违章扣分		
记事：			实操成绩总评		
理论部分考核					
1. 车削内、外圆锥的方法各有哪几种？					
2. 转动小滑板车削圆锥有什么优缺点？如何确定小滑板转过角度？					
3. 试叙述车削外圆锥面时车刀的装夹要求。					
4. 在用偏移尾座法车削外圆锥面时，如何进行尾座的偏移？					
实操得分		理论得分		总评分	学生签名

四、知识拓展

外圆锥面的其他加工方法

1. 偏移尾座法车削外圆锥面

（1）偏移尾座的方法

1）利用尾座下层的刻度控制偏移

松开尾座紧固螺母，再用内六角扳手拧松尾座上部两侧的螺钉 1 和 2；尾座上部就对机床主轴轴线产生了一个偏移量 S，尾座偏移量 S 调整准确后，必须把尾座紧固螺母拧紧，以防在车削时偏移量 S 发生变化，如图 5-9 所示。

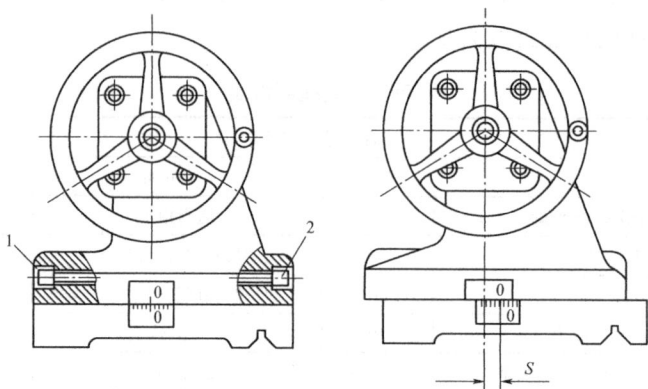

1，2—螺钉

图 5-9　利用尾座刻度偏移尾座

2）应用中滑板刻度控制偏移量

在刀架上夹一铜棒，使铜棒与尾座套筒轻轻接触，记下中滑板刻度数。根据尾座偏移量退出铜棒，然后偏移尾座上部，直至套筒接触铜棒为止，如图 5-10 所示。

3）应用百分表控制偏移量

把百分表固定在刀架上使百分表的测量头垂直接触尾座套筒，并与机床中心等高，将百分表调至零位，然后偏移尾座，偏移值就能从百分表上具体读出，然后将尾座固定，如图 5-11所示。

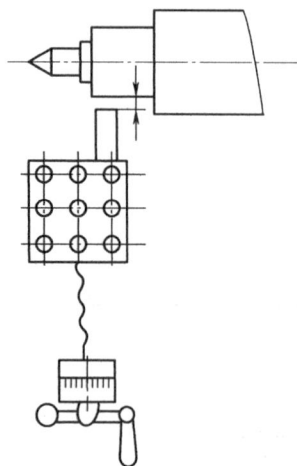

图 5-10　利用中滑板刻度控制偏移量

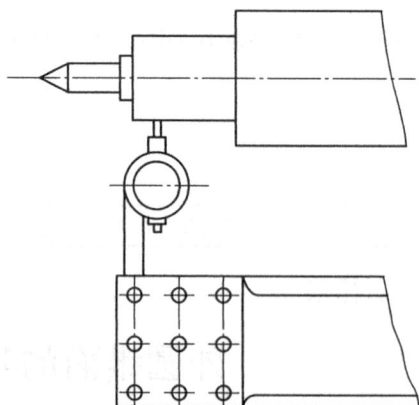

图 5-11　利用百分表控制偏移量

（2）车削方法

外圆锥面的车削加工分粗车和精车。粗车外圆锥面采用工件采用两顶尖装夹，机动进给，选择切削用量应适当。在粗车圆锥面长度达 1/2 时，应先进行锥度检查，检测圆锥是否正确，检测方法与转动小滑板法的检测方法相同。若锥度 C 偏大，则反向偏移尾座，即减小尾座偏移量 S；若锥度 C 偏小，则同向再偏移尾座，即增大尾座偏移量 S。必须反复试车调整，把圆锥角调整正确后，才可粗车外圆锥面，并留精车余量 0.5～1.0mm。精车外圆锥面，用计算法或移动床鞍法确定切削深度。用机动进给，精车外圆锥面至要求，如图 5-12 所示。

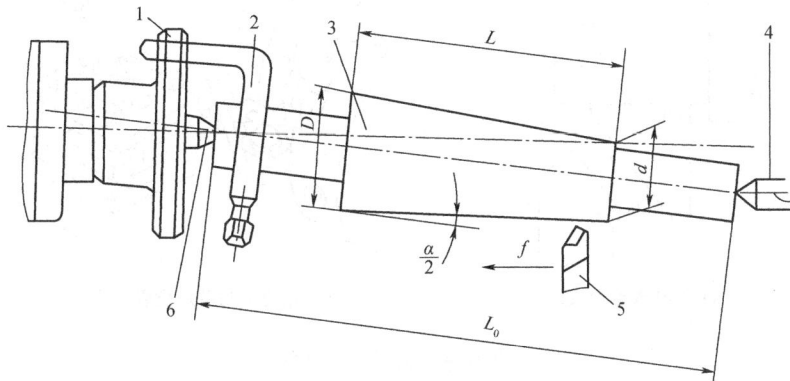

图 5-12　外圆锥面的加工方法

2．宽刃刀车圆锥

（1）宽刃刀的选择

对于 30°、45°、60°、75°的圆锥半角，可选用主偏角与之相对应的车刀，对于其他的圆锥半角，可选用主偏角相接近的车刀，切削刃长度应大于圆锥素线长度。若切削刃的长度小于素线长度，圆锥部分要接切刀成形。切削刃要求平直，如图 5-13 所示，否则会使圆锥素线不直。

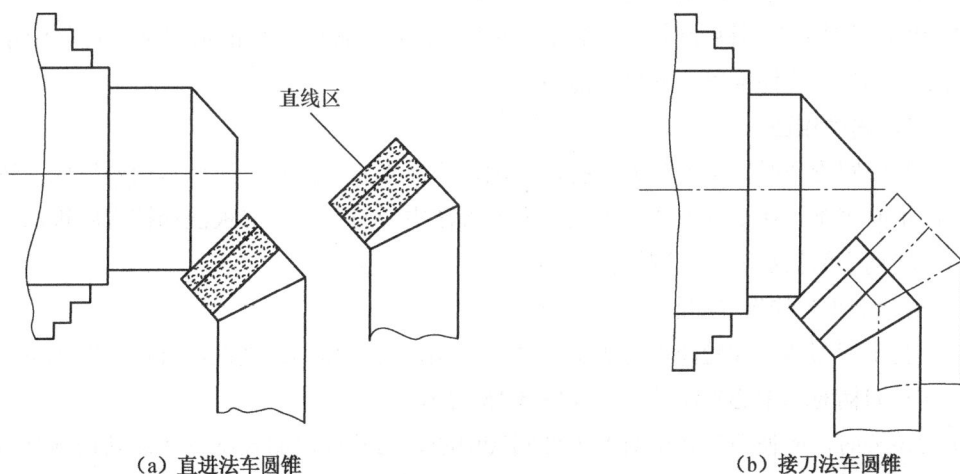

（a）直进法车圆锥　　　　　　　　　　　　　　（b）接刀法车圆锥

图 5-13　宽刃刀车圆锥

（2）宽刃刀的装夹与找正

宽刃刀的装夹与 45°端面车刀的装夹相似，必须与锥体的锥面角度相同，在装夹时可用样板找正，如图 5-14（a）所示。也可用万能角度尺，如图 5-14（b）所示。

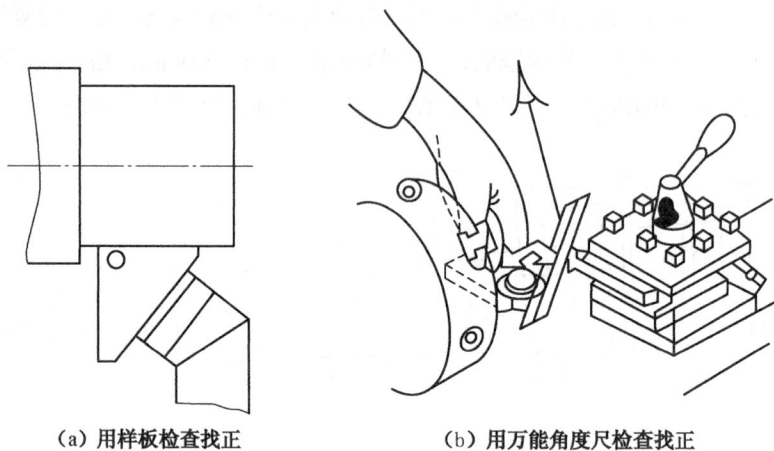

（a）用样板检查找正　　　　　　　　（b）用万能角度尺检查找正

图 5-14　宽刃刀车圆锥

（3）宽刃刀车削法

① 根据刀具及工件材料，合理选择切削用量。当车削产生振动时，应适当减慢主轴转速。

② 当切削刃长度大于圆锥素线长度时，其车削方法是将切削刃对准圆锥一次车削成形，如图 5-13（a）所示。车削时要锁紧床鞍，开始时中滑板进给速度略快，随着切削刃接触面的增加而逐渐减慢，当车到尺寸时车刀应稍作停留，使圆锥面粗糙度值小。

③ 当工件圆锥面长度大于切削刃长度时，一般采用接刀法车削，如图 5-13（b）所示，车刀主切削刃要刃磨平直，接刀处必须平整光滑。

④ 用宽刃刀车削圆锥面时比较容易产生振动，在不影响操作的情况下，可将中小滑板间隙调整得小些。工件伸出长度尽可能短些。

3．车削内圆锥面

在车削内圆锥面时，由于车刀在孔内切削，不易观察和测量，所以车内圆锥面（锥孔）比车外圆锥面困难。在车床上加工内圆锥面的方法主要有转动小滑板法和铰内圆锥法。

（1）转动小滑板法车削内圆锥面

1）内圆锥车刀的选择和装夹

圆锥孔车刀刀柄尺寸受圆锥孔小端直径的限制，为提高车刀刚性，宜选用圆锥形刀柄，且刀尖应与刀柄对称中心平面等高，如图 5-15 所示。

车刀装夹时，应使刀尖严格对准工件回转中心，刀柄伸出的长度应保证其切削行程，刀柄与工件锥孔间应留有一定空隙。车刀装夹好后，应在停车状态全程检查是否产生碰撞。

2）转动小滑板法切削方法

首先要计算出内锥体的小端直径，用小于小端直径 1～2mm 的麻花钻钻孔，再转动小滑板的角度，使车孔刀的运动轨迹与零件的轴线夹角等于工件圆锥半角，然后车削内圆锥。在车削内锥体时，必须注意内孔车刀刀柄必须以锥孔小端直径通过为原则，否则刀柄要与小端内径相碰。车削时，先把外圆锥车削正确，不变动小滑板的度数，将车内锥的车刀反装，使切削刃向下，然后车削内圆锥。由于小滑板角度不变，这时车出的内、外圆锥表面配合性能较好，如图5-16所示。

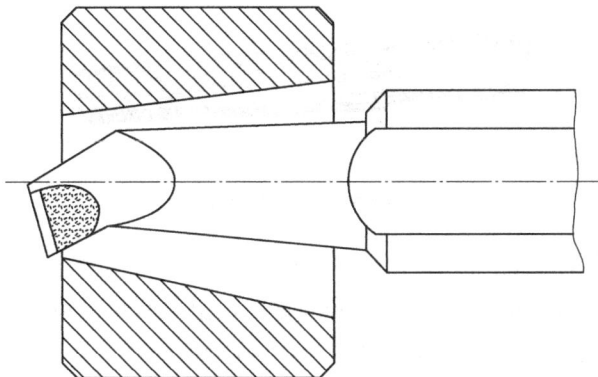

图5-15　内圆锥车刀

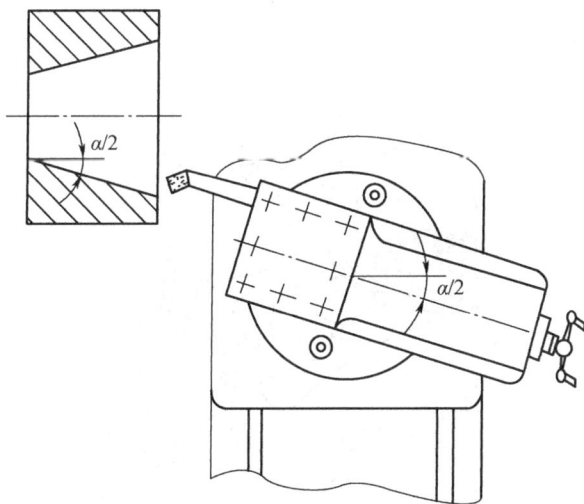

图5-16　车内圆锥小滑板转动的方向

（2）用锥形铰刀铰内圆锥

加工直径较小的圆锥时，因刀杆强度较差，难以达到较高的精度和较小的表面粗糙度。这时可用锥形铰刀来加工。用铰削的方法加工内圆锥精度比车削高，表面粗糙度可达$R_a 1.6\mu m$。

1）锥形铰刀

锥形铰刀一般为粗铰刀和精铰刀两种，如图5-17所示。粗铰刀的槽数比精铰刀的少，使容屑空间增大，对排屑有利。粗铰刀的切削刃上有一条螺旋分屑槽，把原来很长的切削刃分割成若干短切削刃，因而将切屑分成几段，使切屑容易排出。精铰刀做成锥度很准的直线刀齿，并留有很小的棱边（$b_{a1}=0.1\sim0.2mm$），以保证内圆锥的质量。

（a）粗铰刀

（b）精铰刀

图 5-17　锥形铰刀

2）钻、铰内圆锥的方法

① 按圆锥孔的小端尺寸减少 0.2～0.5mm 钻孔，由于麻花钻钻孔时往往会产生摆动，而影响孔与外圆的同轴度。因此，在钻孔前应先用中心钻定位。

② 开动机床（必须是顺车，否则铰刀就会损坏）后先用粗铰刀粗铰留余量约 0.5mm，然后换精铰刀精铰。铰削时用较快的速度摇动尾座手轮，使铰刀朝孔内移动。当铰刀切削刃接近孔的表面时，立即做慢速摇动，切削刃与孔壁接触后做慢进给进行铰削。同时加注充分切削液作冷却，如图 5-18 所示。

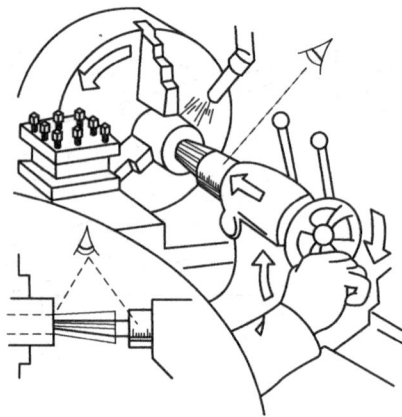

图 5-18　锥形铰刀加工内圆锥

③ 当有一定的切屑时，应及时快速退出铰刀，并用刷帚清除铰刀上的切屑，锥孔内切屑可用切削液冲出。

阶梯轴上三角螺纹的车削

任务一　理论部分

三角螺纹的车削方法

知识目标------------------------------------

1. 掌握螺纹的基本知识。
2. 掌握三角螺纹车刀的角度和刃磨方面的知识。
3. 掌握三角螺纹的车削方法。
4. 掌握三角螺纹车刀的装夹方法。

建议学习学时：2课时。

一、螺纹的基本知识

螺纹的种类很多，有三角形螺纹、梯形螺纹、锯齿螺纹及矩形螺纹等，它们各有特点。在车削螺纹时，要根据螺纹的特点，掌握螺纹车削的要领，车出符合质量要求的螺纹。

1. 螺纹的形式

假设有个直角三角形 ABC，其中 $AB = \pi d$，$\angle CAB = \phi$，把该三角形按图 6-1（a）所示逆时针围绕直径为 d 的圆柱体旋转一周，则三角形中 B 点与 A 点重合，C 点与圆柱体上 C' 重合，而原来的斜边 AC 在圆柱面上形成一条曲线，这条曲线称为螺旋线。螺旋线与圆柱体端面的夹角（$\angle CAB$）称为螺纹升角。$AC' = BC = P$，把 P 称为螺旋线的螺距。

根据以上形成螺旋线的方法，现把圆柱体改成工件夹在车床上，然后使工件做旋转运动，车刀的工件轴线方向做等速移动（图 6-1（b）所示为铅笔），即进给运动，则在工件外圆上可以形成一条螺旋线，如图 6-2 所示。经过多次切削，则该螺旋线就形成了螺旋槽。螺纹的车削原理就是如此产生的。

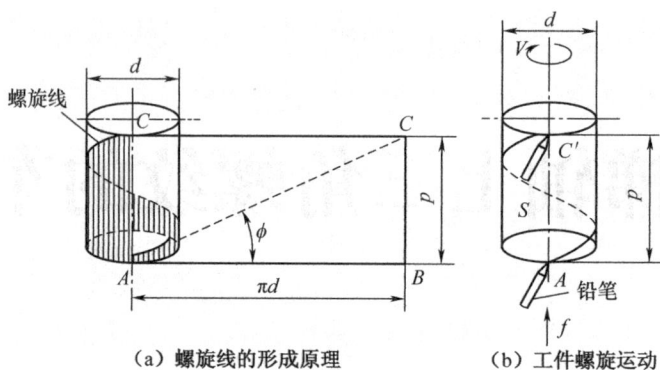

（a）螺旋线的形成原理　　　（b）工件螺旋运动

图 6-1　螺旋线的形成

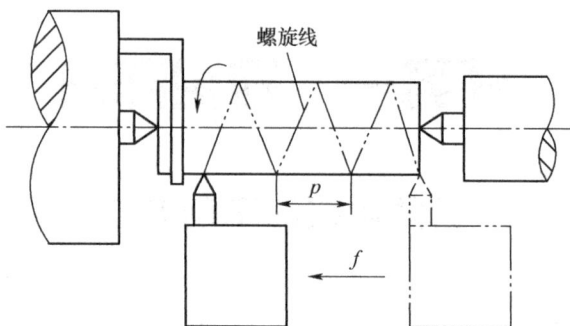

图 6-2　车削外螺纹示意图

2. 螺纹的分类

① 按用途分。可分为紧固螺纹、传动螺纹和紧密螺纹，例如，车床上用来装夹刀具的螺纹称为紧固螺纹，车床长丝杠上螺纹为传动螺纹，车床冷却管道管接螺纹为紧密螺纹。

② 按牙形分。可分为三角形、矩形、梯形、锯齿形和圆形螺纹，如图 6-3 所示。

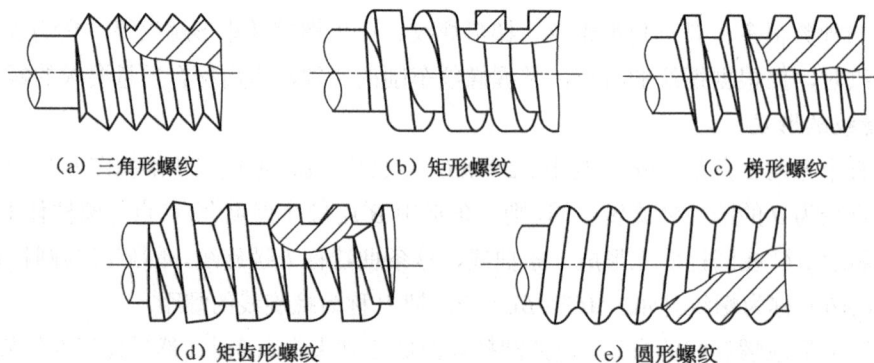

（a）三角形螺纹　　　（b）矩形螺纹　　　（c）梯形螺纹

（d）矩齿形螺纹　　　（e）圆形螺纹

图 6-3　螺纹的分类

③ 按螺旋线方向分。可分为左旋螺纹和右旋螺纹。

④ 按螺线数分。可分为单线螺纹和多线螺纹。圆柱体上只有一条螺旋槽的螺纹称为单线螺纹，有两条或两条以上的螺旋槽的螺纹称为多线螺纹，如图 6-4 所示。

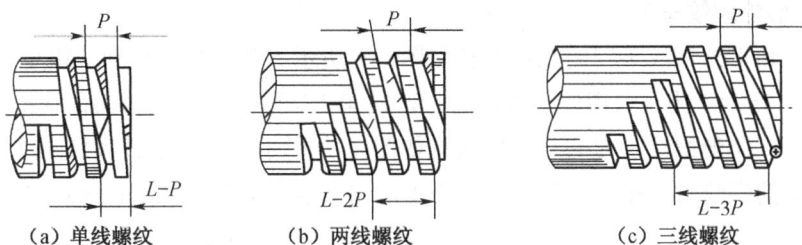

（a）单线螺纹　　　　（b）两线螺纹　　　　（c）三线螺纹

图 6-4　单线和多线螺纹

⑤ 按螺纹母体形状分。可分为圆柱螺纹和圆锥螺纹。

3. 普通螺纹的尺寸计算

普通螺纹是应用最广泛的一种三角形螺纹，牙形角为 60°。它分为粗牙普通螺纹和细牙普通螺纹两种。粗牙普通螺纹的代号用字母"M"及公称直径表示，如 M16、M24 等；细牙普通螺纹代号用字母"M"及公称直径×螺距表示，如 M20×1.5、M10×1 等。公称直径相同时，细牙螺纹螺距较小。左旋螺纹在代号末尾加注"左"字，如"M16×1.5 左"等，未注明的为右旋。

普通螺纹的基本牙形如图 6-5 所示。该牙形具有螺纹的基本尺寸，计算公式如下：

① 螺纹的大径 $d=D$（螺纹大径的基本尺寸与公称直径相同）。

② 中径 $d_2=D_2=d-0.6495P$。

③ 牙形高度 $h_1=0.5413P$。

④ 螺纹小径 $d_1=D_1=d-1.0825P$。

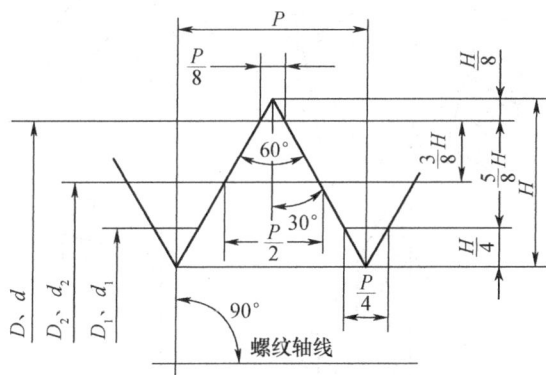

图 6-5　普通螺纹的基本牙形

二、螺纹车刀及其刃磨

1. 螺纹车刀材料的选择

一般情况下，螺纹车刀切削部分的材料有高速钢和硬质合金两种。高速钢螺纹车刀容易磨得锋利，而且韧性好，刀尖不易崩裂，车出螺纹表面粗糙度较小，但高速钢耐热性较差，因此只适合于低速车削螺纹。硬质合金车刀硬度高、耐热性好，但韧性较差，在高速车削螺纹时使用。

2. 三角形外螺纹车刀

高速钢三角形外螺纹车刀的几何形状如图 6-6 所示。为了车削顺利，粗车刀应选用较大的背前角（r_p=15°）。为了获得较正确的牙形，精车刀应选用较小的背前角（r_p=6°～10°）。

硬质合金三角形螺纹车刀的几何形状见如图 6-7 所示。在车削较大螺距（P＞2mm）及材料硬度较高的螺纹时，在车刀两侧切削刃上磨出宽度为 0.2～0.4mm、γ_{ol}=-5°的倒棱。

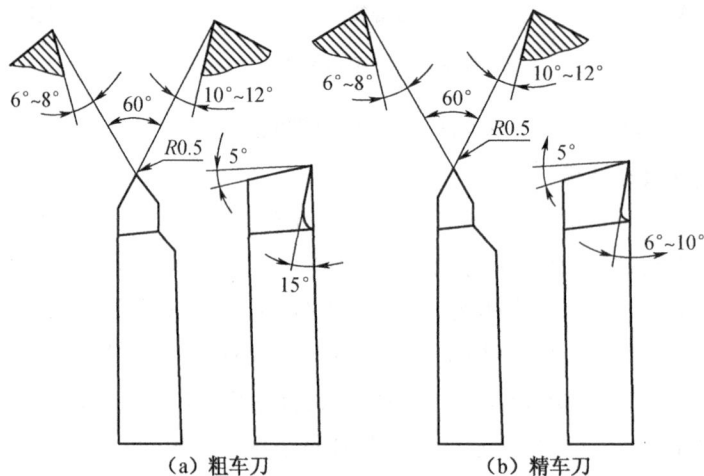

（a）粗车刀　　　　（b）精车刀

图 6-6　高速钢三角形外螺纹车刀

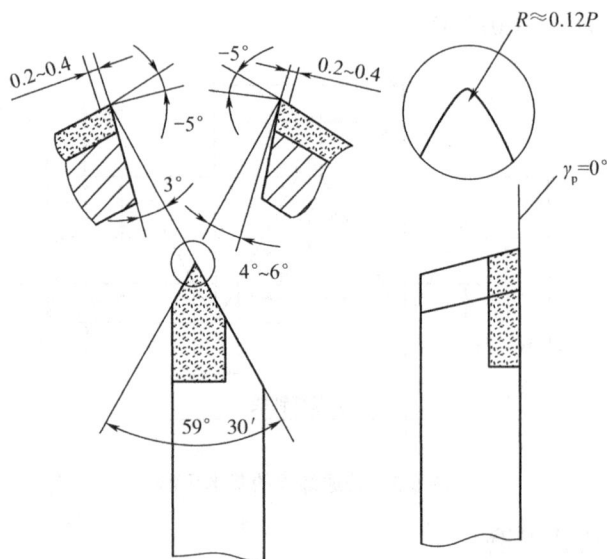

图 6-7　硬质合金三角形螺纹车刀

3. 三角形螺纹车刀的刃磨

由于螺纹车刀的刀尖受刀尖角的限制，刀体面积较小因此刃磨时比一般车刀难以正确掌握。其刃磨螺纹车刀的步骤如下所述。

① 因车刀材料为高速钢，所以选用氧化铝粗粒度砂轮刃磨后刀面和前刀面。

② 先磨左侧后刀面，刃磨时双手握刀，使刀柄与砂轮外圆水平方向成30°、垂直方向倾斜约 8°～10°，如图 6-8（a）所示。车刀与砂轮接触后稍加压力，并均匀慢慢移动磨出后刀面。右侧后刀面的刃磨方法与左侧面相同，如图 6-8（b）所示。后刀面基本磨好后用螺纹样板透光检查刀尖角60°。

③ 刃磨前刀面时，将车刀前刀面与砂轮平面水平方向作倾斜约 10°～15°，同时垂直方向作微量倾斜使左侧切削刃略低于右侧切削刃，前刀面与砂轮接触后稍加压力刃磨，逐渐磨至靠近刀尖处，如图 6-8（c）所示。

④ 再选用 80 粒度氧化铝砂轮精磨前、后刀面，方法与前面相同，但在刃磨时表面磨出即可。

⑤ 修磨刀尖，刀尖侧棱宽度约为 0.1P。

⑥ 用油石研磨刀刃处的前后角，保持刃口锋利。

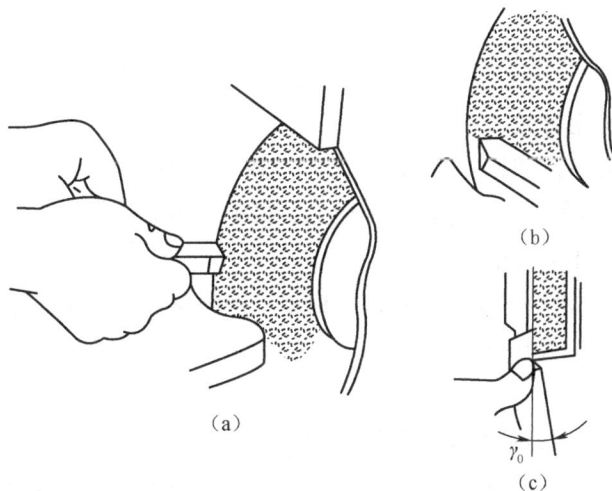

图 6-8　刃磨外螺纹车刀

三、三角形螺纹的车削方法

车削螺纹时，一般可采用低速车削和高速车削两种方法。低速车削螺纹可获得较高的精度和较细的表面粗糙度，但生产效率很低；高速车削螺纹比低速切削螺纹生产效率可提高 10 倍以上，也可以获得较细的表面粗糙度，但需要较高的操作熟练程度。

1. 三角形螺纹车刀的装夹

螺纹车刀装夹是否正确，对螺纹的牙形有很大的影响。如果装刀有偏差，即使车刀刀尖刃磨得很正确，加工后螺纹的牙形角仍难以达到精度要求。

① 三角形螺纹，牙形半角必须对称，即在装夹螺纹车刀时，刀头伸出不要过长，一般为 20～25mm，约为刀杆厚度的 1.5 倍。刀尖高度必须对准工件旋转中心（可根据尾座顶尖高度检查）。

② 车刀刀尖角的中心线必须与工件轴线严格保持垂直，装刀时可用螺纹样板来对刀，如图 6-9 所示。如果车刀装斜，就会产生牙形歪斜，如图 6-10 所示。

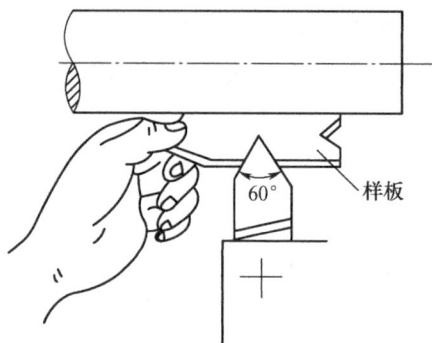

图 6-9　用角度样板对刀　　　　　图 6-10　车刀装歪

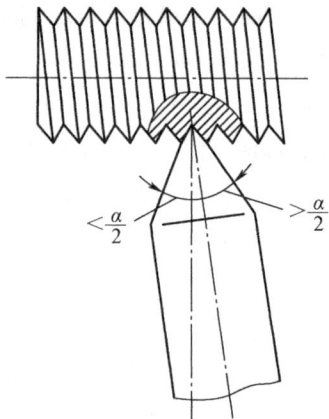

2. 低速车削三角形螺纹

在低速车削三角形螺纹时，为了保持螺纹车刀的锋利状态，车刀材料最好用高速钢制成，并且把车刀分为粗、精车刀并进行粗、精加工。粗车时切削速度可选择 10～15m/min，精车时切削速度可选择 5～10m/min。

车削三角形螺纹的进给方法有三种，应根据工件的材料、螺纹外径的大小及螺距的大小来决定，下面分别介绍三种进给方法。

（1）直进法

车螺纹时，螺纹车刀刀尖及左右两侧刃都直接参加切削工作，在每次往复行程后，只利用中滑板进给，通过多次行程螺纹深度加深，切削深度相应减少，直至把螺纹车好，这种方法称为直进法车螺纹，如图 6-11 所示。直进法车螺纹可以得到比较正确的牙形，车刀双面切削，螺纹不易车光，容易产生"扎刀"现象，因此，常用于车削螺距小于 2mm 或脆性材料的螺纹车削。

（2）左右切削法

车螺纹时，除了用中滑板刻度控制螺纹车刀的横向进给外，同时使用小滑板的刻度使车刀左右微量进给，这样重复几次工作行程后，直至把螺纹的牙形全部车好，这种方法称为左右切削法，如图 6-12 所示。

采用左右切削法车削螺纹时，要合理分配切削余量，粗车时可顺着进给方向偏移，一般每边留精车余量 0.2～0.3mm。精车时，为了使螺纹两侧面都比较光洁，当一侧车光以后，再将车刀偏移到另一侧面车削。左右切削法比直进法复杂，但切削时只有车刀刀尖及一条刃参加切削，排屑较顺利，刀尖受力、受热有所改善，不易扎刀，相应的可提高切削用量，能取得较细的表面粗糙度，适用于除矩形螺纹外的各种螺纹粗、精车，有利于加大切削用量，提高切削效率。

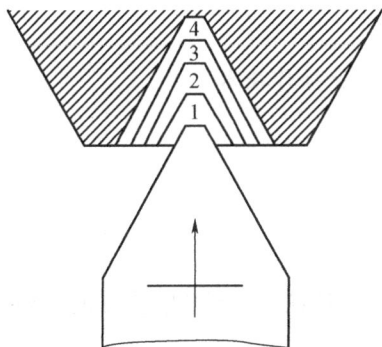

图 6-11　直进法车削三角形螺纹

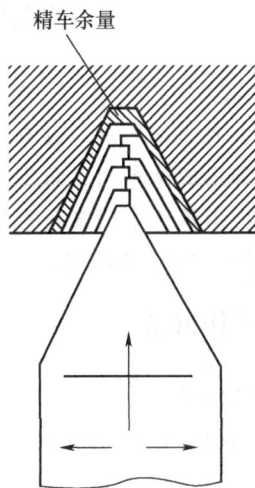

图 6-12　左右切削法车削三角形螺纹

（3）斜进法切削

斜进法车削三角形螺纹与左右切削法相比，小滑板只向一个方向进给，如图 6-13 所示。斜进法操作比较方便，但由于背离小滑板进给方向的牙侧面粗糙度值较大，因此只适宜于粗车螺纹。在精车时，必须用左右切削法才能使螺纹的两侧面都获得较小的表面粗糙度值。

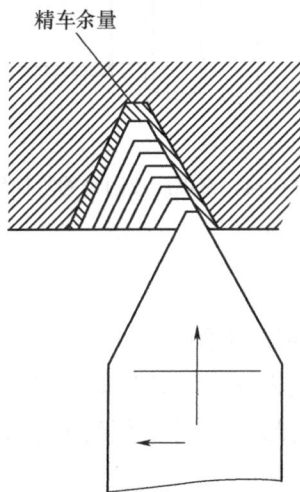

图 6-13　斜进法车削三角形螺纹

任务二　实操部分

阶梯轴上三角螺纹的车削

技能目标

1. 掌握高速钢三角螺纹车刀的刃磨方法。
2. 掌握用低速车削三角形螺纹的工艺方法。
3. 掌握用低速车削三角形螺纹的实际加工步骤和操作技术。

建议学习学时：4课时。

一、工作准备

1. 工作任务

加工图6-14所示的带螺纹阶梯轴工件，请认真阅读图纸，理解阶梯轴的各项技术要求及三角形螺纹的要求，并按如下要求进行：

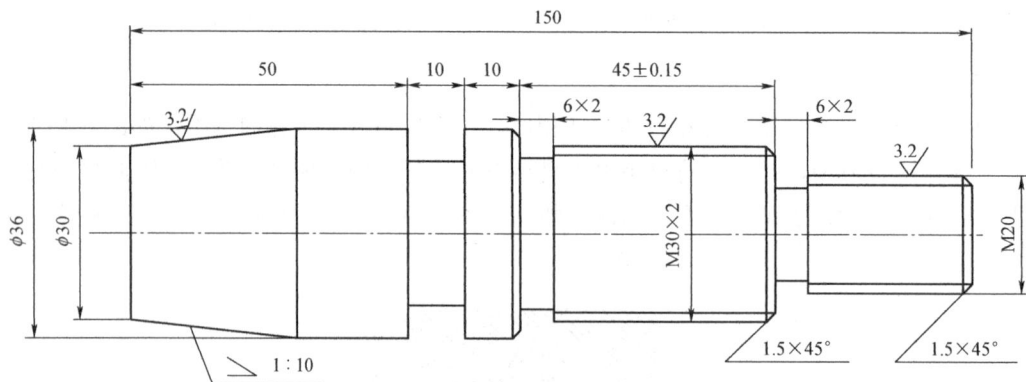

图 6-14　带螺纹及圆锥的阶梯轴

2. 所需准备：

① 材料：尼龙。

② 毛坯准备：项目5加工完成的工件。

③ 刀具：90°外圆车刀、高速钢外三角形螺纹粗、精车刀各一把。

④ 量具：万能角度尺、角度器、螺距规、螺纹千分尺等。

二、加工实操训练

1. 三角形外螺纹车刀的刃磨

请同学们按指导老师的要求，先到磨刀间刃磨高速钢三角形螺纹车刀各1把（粗、精车）。

2．螺纹车削

工艺分析及加工步骤如下所述。

（注：可将学生分成交替两组进行，一组同学安排磨刀，另一组同学车削螺纹）

① 采用一夹一顶装夹，垫铜皮夹住ϕ36 外圆并找正工件。

② 车两处退刀槽 6×2。

③ 粗车、精车 M30×2 成形。

④ 粗车、精车 M20 成形。

3．安全及注意事项

① 正式操作前，练习进退刀和倒顺车的配合动作。

② 车削三角形螺纹时，注意使用切削液。

③ 装夹螺纹车刀时，刀尖要对准工件中心或略高，其平分线和工件轴线垂直。

④ 车削螺纹第一刀的切削深度一定要小，并要严格检查螺距尺寸是否正确。

⑤ 车削螺纹时，一定要刀尖锋利，如车削过程中需要磨刀或换刀，重新装夹时一定要对刀，防止乱扣破牙。

三、项目考核及成绩评价

考核分实操（应会）部分和理论（应知）考试部分考核，实操以现场考核和工件测量进行，理论以学生完成的作业批改为主。

考核及成绩评价表

实操成绩考核评定					
序号	考评内容	权重	评分标准	得分	备注
1	螺纹刀刃磨（面平、刃直、形准）	10×3	一处不合格扣 5 分		
2	两处的螺纹大径	20×2	每超差 0.01mm 扣 5 分		
3	螺纹两侧 R_a3.2	5×2	R_a>6.3 不得分		
4	螺纹退刀槽 6×2 两处	5×2	超差 0.1mm 扣 5 分		
5	倒角 1.5×45°	5×2	不符合要求不得分		
6	安全文明生产及劳动纪律		违章扣分		
记事：			实操成绩总评		
理论部分考核					
1. 什么是螺距？什么是导程？螺距和导程的关系是什么？					

续表

实操成绩考核评定					
序号	考评内容	权重	评分标准	得分	备注

2. 计算 M20 和 M30×2 的螺纹大径、小径、中径、螺距、牙形高度。

3. 低速车削三角形螺纹时有哪几种进刀方法？各适合什么场合？

4. 按下表已知条件，计算出有关数据，填入下表中。

序号	螺纹代号	螺距 P	螺纹大径	螺纹中径	螺纹小径	牙形高度
1	M8	1.25				
2	M12	1.75				
3	M16	2				
4	M30×1.5					

实操得分		理论得分		总评分		学生签名	

四、知识拓展

螺纹知识补充及其他螺纹的车削

1. 螺纹各部分的名称

在圆柱体表面上形成的螺纹称为外螺纹。同样在圆柱体内表面上形成的螺纹称为内螺纹。三角形螺纹的基本要素如图 6-15 所示。

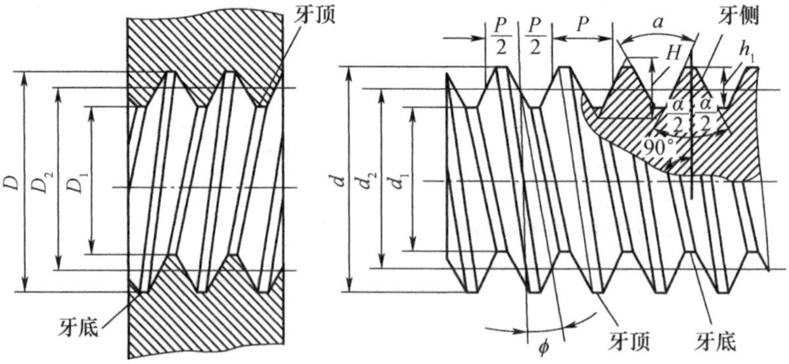

（a）内螺纹　　　　　　（b）外螺纹

图 6-15　三角螺纹的基本要素

① 牙形角（α）。在螺纹牙形上，两相邻牙侧面间的夹角。普通三角形螺纹 α 为 60°。

② 螺距（P）。相邻两牙在中径线上对应两点间的轴向距离。

③ 导程（P_h）。在同一螺旋线上的相邻两牙在中径线上对应两点之间的轴向距离，即螺旋纹旋转一圈后沿轴向所移动的距离。当螺纹为单线时，导程 P_h 等于螺距 P，当螺纹为多线时，导程 P_h 等于螺纹的线数 n 乘以螺距 P。

④ 大径（d、D）。与外螺纹牙顶或内螺纹牙底相重合的假想圆柱面的直径。外螺纹大径用 d 表示，内螺纹大径用 D 表示。

⑤ 中径（d_2、D_2）。母线通过牙形上沟槽和凸起宽度相等的一个假想圆柱的直径。外螺纹中径用 d_2 表示，内螺纹中径用 D_2 表示。

⑥ 小径（d_1、D_1）。与外螺纹牙底或内螺纹牙顶相重合的假想圆柱面的直径。外螺纹的小径用 d_1 表示，内螺纹小径用 D_1 表示。

⑦ 原始三角形高度（H）。由原始三角形顶点垂直螺纹轴线方向到其底边的距离。

⑧ 牙形高度（h_1）。在螺纹牙形上，牙顶到牙底在垂直于螺纹轴线方向上的距离。

⑨ 螺纹接触高度（h）。两个相互配合螺纹的牙形上，牙侧重合部分在垂直于螺纹轴线方向上的距离。

⑩ 间隙（Z）。牙形高度与螺纹接触高度之差。

⑪ 螺纹升角（ϕ）。在中径圆柱或中径圆锥上，螺旋线的切线垂直于螺纹轴线的平面间的夹角。

2．梯形螺纹的尺寸计算及车削加工

（1）梯形螺纹的尺寸计算

国家标准规定梯形螺纹的牙形角为30°。英制梯形螺纹（其牙形角为29°）在我国较少采用。梯形螺纹用代号字母"Tr"及公称直径×螺距表示，单位均为 mm。左旋螺纹需在尺寸规格之后加注"LH"，右旋则不注出。例如，Tr36×6；Tr44×8LH 等。梯形螺纹的牙形如图 6-16 所示。

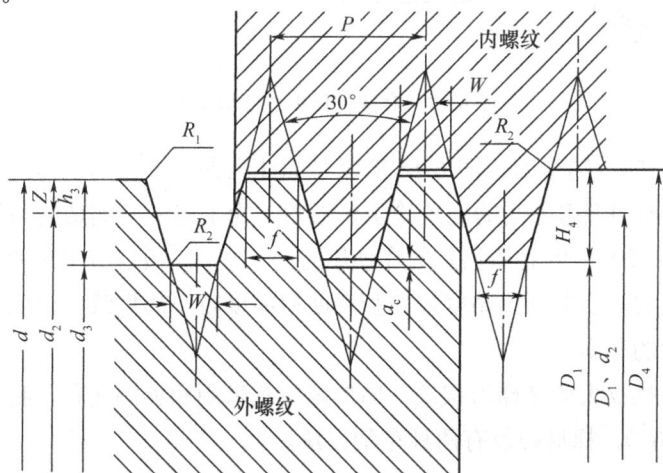

图 6-16 梯形螺纹的牙形

梯形螺纹各基本尺寸的计算：

外螺纹

大径：d=公称直径

中径：$d_2=d-0.5P$；

小径：$d_3=d-2h_3$；

牙高：$h_3=0.5P+2a_c$；

大径：$D_4=d+2a_c$。

内螺纹

大径：D=公称直径；

中径：$D_2=d_2$

小径：$D_1=d-P$

牙高：$H_4=h_3$。

（2）梯形螺纹车刀

车削梯形螺纹时，径向切削力比较大。为了提高螺纹的质量，可分为粗车和精车两个工序进行车削。

① 高速钢梯形螺纹粗车刀。图 6-17 所示是高速钢梯形螺纹粗车刀的几何形状。为了便于左右切削并留有精车余量，刀头宽度应小于槽底宽 W。

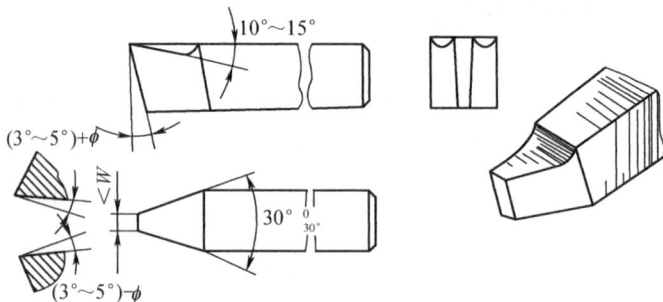

图 6-17　高速钢梯形螺纹粗车刀

② 高速钢梯形螺纹精车刀。图 6-18 所示是高速钢梯形螺纹精车刀的几何形状。车刀纵向前角 $r_p=0°$，两侧切削刃之间的夹角等于牙形角。为了保证两侧切削刃切削顺利，都磨有较大前角（$r_o=10°\sim20°$）的卷屑槽。但在使用时必须注意，车刀前端切削刃不能参与切削。高速钢梯形螺纹车刀，能车削出精度较高和表面粗糙度较小的螺纹，但生产率较低。

（3）梯形螺纹的车削

机床丝杠上的螺纹大多是梯形螺纹，梯形螺纹有米制和英制两种，我国常采用米制梯形螺纹（牙形角为 30°），梯形螺纹有两种车削方法。

1）低速车削

① 车削螺距 $P\leqslant8mm$ 的梯形螺纹用左右切削法。在每次横向进给时，都必须把车刀向

左或向右做微量移动，很不方便。但是可防止因三个切削刃同时参加切削而产生振动和扎刀现象，如图6-19（a）所示。

② 粗车螺距 $P \leqslant 8\text{mm}$ 的梯形螺纹可用车直槽法。先用主切削刃宽度等于牙槽底宽 W 的矩形螺纹车刀车出螺旋直槽，使槽底直径等于梯形螺纹的小径，然后用梯形螺纹精车刀精车牙形两侧，如图6-19（b）所示。

③ 精车螺距 $P > 8\text{mm}$ 的梯形螺纹用车阶梯槽法。用主切削刃宽小于 $P/2$ 的矩形螺纹车刀，用车直槽法车至接近螺纹中径处，再用主切削刃宽度等于牙槽宽W的矩形螺纹车刀把槽车至接近螺纹牙高 H，这样就车出了一个阶梯槽。然后用梯形螺纹精车刀精车牙形两侧，如图6-19（c）所示。

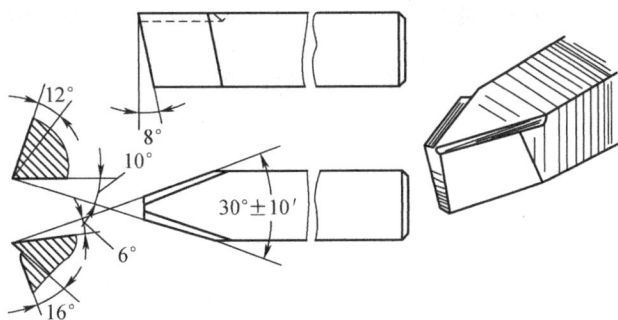

图6-18　高速钢梯形螺纹精车刀

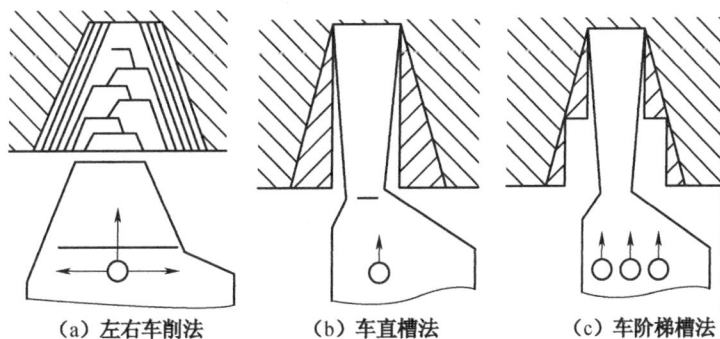

（a）左右车削法　　　（b）车直槽法　　　（c）车阶梯槽法

图6-19　低速车削

2）高速车削

① 车削螺距 $P \leqslant 8\text{mm}$ 的梯形螺纹用直进法。可选用图6-20（a）所示的双圆弧硬质合金车刀粗车，再用硬质合金车刀精车。

② 车削螺距 $P > 8\text{mm}$ 的梯形螺纹用车直槽法和车阶梯槽法。为了防止振动，可用硬质合金车槽刀，采用车直槽法和车阶梯槽法进行粗车，然后用硬质合金梯形车刀精车，如图6-20（b）所示。

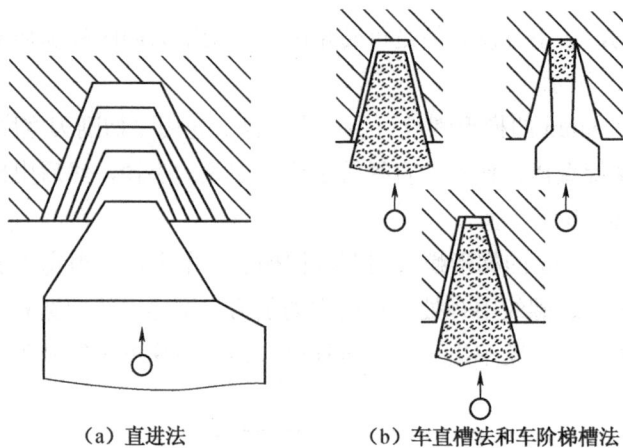

（a）直进法   （b）车直槽法和车阶梯槽法

图 6-20　高速车削

法兰套的车削加工

任务一　理论部分

钻孔、扩孔、车孔及铰孔的知识

知识目标- -

1. 学习了解钻孔的相关知识。
2. 学习了解扩孔的相关知识。
3. 学习了解车孔的相关知识。
4. 学习了解铰孔的相关知识。

建议学习学时：2 课时。

一、钻孔

在车床上加工的零件（特别是套类零件）有时带有圆柱孔，在车床上加工圆柱孔的方法有钻孔、扩孔、车孔和铰孔。钻孔适用于粗加工，扩孔和车孔通常用于半精加工，铰孔则用于精加工。

由于钻头的刚性和精度较差，因此钻孔加工精度不高，一般为 IT10～IT9，表面粗糙度 R_a 不小于 12.5μm。按钻头结构和用途可分为麻花钻、中心钻、锪孔钻、深孔钻等，其中麻花钻使用最广泛。

1．标准麻花钻的结构

麻花钻一般用高速钢制成，淬火后 HRC62～68。麻花钻由柄部、颈部和工作部分组成，如图 7-1 所示。

① 柄部。柄部是麻花钻的夹持部分，用以定心和传递动力，分为锥柄和柱柄两种，一

般直径小于 13mm 的钻头做成直柄，直径大于 13mm 的做成锥柄。

② 颈部。颈部是为磨制钻头时砂轮退刀而设计的，钻头的规格、材料和商标一般也刻在颈部。

③ 工作部分。工作部分由切削部分和导向部分组成。导向部分用来保持麻花钻工作时的正确方向，有两条螺旋槽，作用是形成切削刃及容纳和排除切屑，便于切削液沿着螺旋槽流入。切削部分主要起切削作用，由六面五刃组成。两个螺旋槽表面就是前刀面，切屑沿其排除；切削部分顶端的两个曲面称为后刀面，它与工件的切削表面相对，钻头的棱带是与已加工表面相对的表面，称为副后刀面；前刀面和后刀面的交线称为主切削刃，两个后刀面的交线称为横刃，前刀面与副后刀面的交线称为副切削刃，如图 7-2 所示。

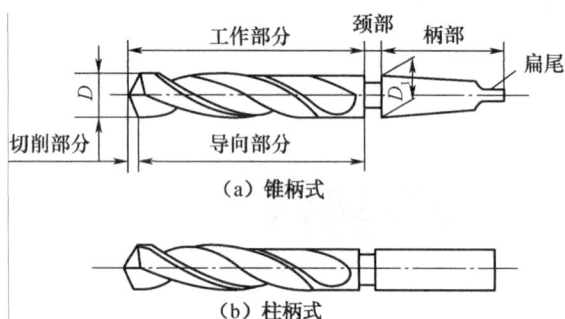

图 7-1　麻花钻的构成

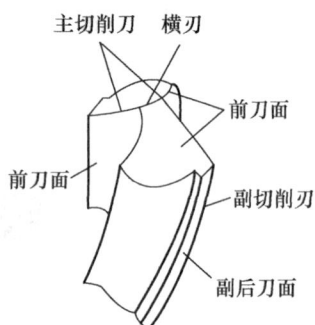

图 7-2　麻花钻切削部分的构成

2. 麻花钻的刃磨

标准麻花钻使用一段时间后，会出现钝化现象，或因使用时温度高而出现退火、崩刃或折断等问题，故需重新刃磨钻头才能使用，如图 7-3 所示。

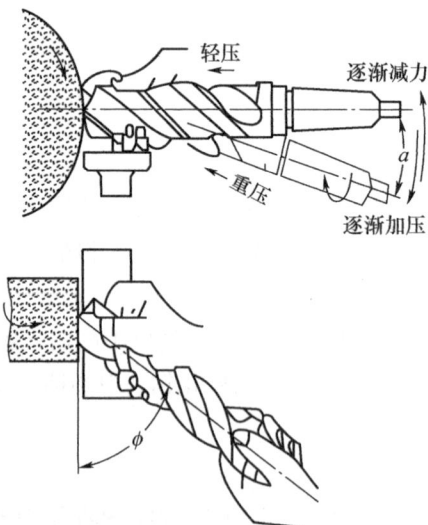

图 7-3　麻花钻的刃磨

（1）刃磨要求

① 顶角 2ϕ 为 $118°\pm2°$。

② 外缘处的后角 α_o 为 $10°\sim14°$。

③ 横刃斜角 ϕ 为 $50°\sim55°$。

④ 两主切削刃的长度及和钻头轴心线组成的两角要相等。

⑤ 两个主后刀面要刃磨光滑。

（2 刃磨步骤

① 将主切削刃置于水平状态并与砂轮外圆平行。

② 保持钻头中心线和砂轮外圆面成角。

③ 右手握住钻头导向部分前端，作为定位支点，刃磨时使钻头绕其轴心线转动，左手握住柄部，做上下扇形摆动，磨出后角，同时，掌握好作用在砂轮上的压力。

④ 左右两手的动作要协调一致，相互配合。一面磨好后，翻转 180°刃磨另一面。

⑤ 在刃磨过程中，主切削刃的顶角、后角和横刃斜角应时磨出。为防切削部分过热退火，应注意蘸水冷却。

⑥ 刃磨后的钻头，常用目测法进行检查，也可用样板检验。

3．麻花钻的装卸

① 柄麻花钻。如图 7-4 所示，用钻夹头夹住直柄处，然后将钻夹头用力装入尾座锥孔内，就可以进行钻孔了。

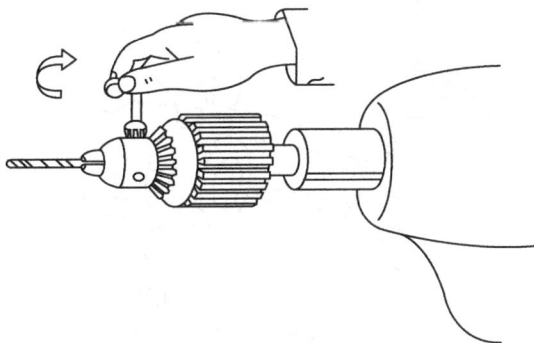

图 7-4　直柄麻花钻的装夹

② 柄麻花钻。锥柄的锥度为莫氏锥度，常用的钻头柄部的圆锥规格为 $2^{\#}$、$3^{\#}$、$4^{\#}$。如果钻柄规格与尾座套筒锥孔的规格一致，可直接装入进行钻孔。钻头装入锥套时，柄部的舌尾要对准锥套上的腰形孔，如不对准，一般圆锥不会相接触。

4．钻孔的方法

① 孔前，先将工件平面车平，中心处不允许留有凸台；找正尾座，使钻头中心对准工件回转中心。

② 小直径麻花钻钻孔时，一般先用中心钻定心，再用钻头钻孔，这样操作同轴度就较好。

③ 细长麻花钻钻孔时，为防止钻头晃动，可以在刀架上夹一挡铁，以支持钻头头部，帮助钻头定心，如图 7-5 所示。其方法是先用钻头钻入工件平面（少量），然后摇动滑板移动挡铁支顶，见钻头逐渐不晃动时，退出挡铁后继续钻削即可。但挡铁不能把钻头支过中心，以免折断钻头。

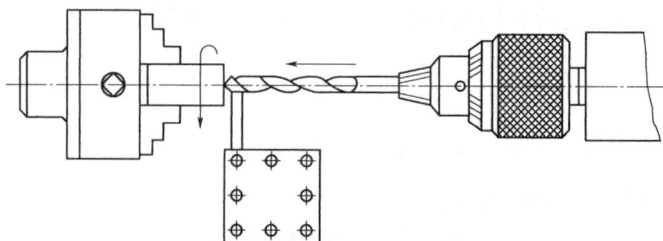

图 7-5　用挡铁支顶防止钻头晃动

④ 需要铰孔的工件，由于所留铰削余量较少，因此钻孔时当钻头钻进工件 1～2mm 后，应将钻头退出，停车检查孔径，防止因孔径扩大没有铰削余量而报废。

⑤ 钻不通孔与钻通孔的方法基本相同，只是钻孔时需要控制孔的深度。常用的控制方法是先启动机床，然后摇动尾座手轮，当钻头开始切入端面时，记下尾座筒上的标尺读数，也可用钢直尺量出套筒的伸出长度。钻孔时，用套筒伸出的长度加上孔深来控制尾座的伸出量，如图 7-6 所示。在钻孔过程中一般要使用冷却液。

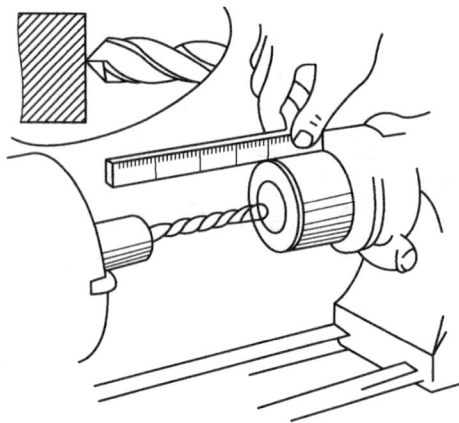

图 7-6　钻不通孔

5. 注意事项

① 起钻时进给量要小，待钻头头部进入工件后才可正常钻削。

② 钻钢件时，应加注冷却液，以防钻头发热退火。

③ 当钻头将要穿透工件时，由于钻头横刃首先穿出，因此轴向阻力减小。所以这时进给速度必须减慢，否则钻头容易被工件卡死，造成锥柄在尾座套筒内打滑，损坏锥柄和锥孔。

④ 钻小孔或钻较深孔时，由于切屑不易排出，必须经常退出钻头排屑，否则容易因切

屑堵塞而使钻头"咬死"或折断。

⑤ 钻小孔时，转速应选得快一些，否则钻削时抵抗力大，容易产生孔位偏斜和钻头折断。

二、扩孔

扩孔是用扩孔刀具将工件原有的孔径扩大。扩孔精度一般可达 IT9～IT10，表面粗糙度达 $R_a6.3\mu m$ 左右。常用的扩孔刀具有麻花钻和扩孔钻等。精度要求较低的孔，一般用麻花钻，精度要求较高的孔的半精加工则用扩孔钻。

1. 用麻花钻扩孔

在实体材料上钻孔时，小孔径可一次钻出。如果孔径较大，钻头直径也大，由于横刃长，轴向切削力大，钻削时很费力，这时可分两次钻削。例如，钻50mm的孔，可先用25mm的钻头钻一孔，然后用50mm的钻头将孔扩大。扩孔时由于钻头横刃不参加工作，轴向切削力减小，进给省力，但因钻头外缘处的前角大，容易把钻头拉进去，使钻头在尾座套筒内打滑。因此在扩孔时应把钻头外缘处的前角修磨得小些，并对进给量加以适当控制，决不要因钻削轻松而加大进给量。

2. 用扩孔钻扩孔

扩孔钻有高速钢扩孔钻和硬质合金扩孔钻两种，在自动车床上使用较多，如图7-7所示。扩孔钻通常有3～4个切削刃，导向性好，切削平稳；扩孔钻没有横刃，钻芯粗大，刚度高，加工质量较好，因此可提高生产率，改善加工质量。

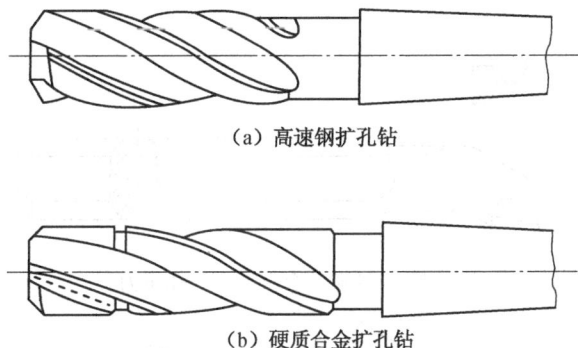

（a）高速钢扩孔钻

（b）硬质合金扩孔钻

图7-7　扩孔钻

3. 扩孔时的注意事项

① 扩孔时由于钻头边缘处前角大容易产生打滑，因此当钻头产生转动时，不可用手去捏，以防伤手，应立即使主轴停止转动，然后将钻头取出，重新装紧后再扩。

② 扩孔产生振动时，主轴转速应适当降低，如振动还未明显减小，应卸下钻头，将后角适当磨小后再扩。

③ 铸、锻件毛坯孔不可直接用钻头扩孔，否则会损坏钻头的狭边。

三、车孔

用车削方法扩大工件的孔或加工空心工件的内表面称为车孔。车孔是车削加工的主要内容之一，粗、精加工都适用。尺寸精度能达到 IT7 级，表面粗糙度可达 $R_a1.6\mu m$。

1. 车孔刀的种类

内孔车刀有整体式和装夹式两种。常用的是整体式，如图 7-8 所示。装夹式由于刀柄刚性较好，一般用于内孔深度较深或孔径尺寸较大的情况下。装夹式内孔车刀，如图 7-9 所示，方孔与刀柄垂直的是通孔车刀，方孔与刀柄倾斜的则是不通孔车刀。

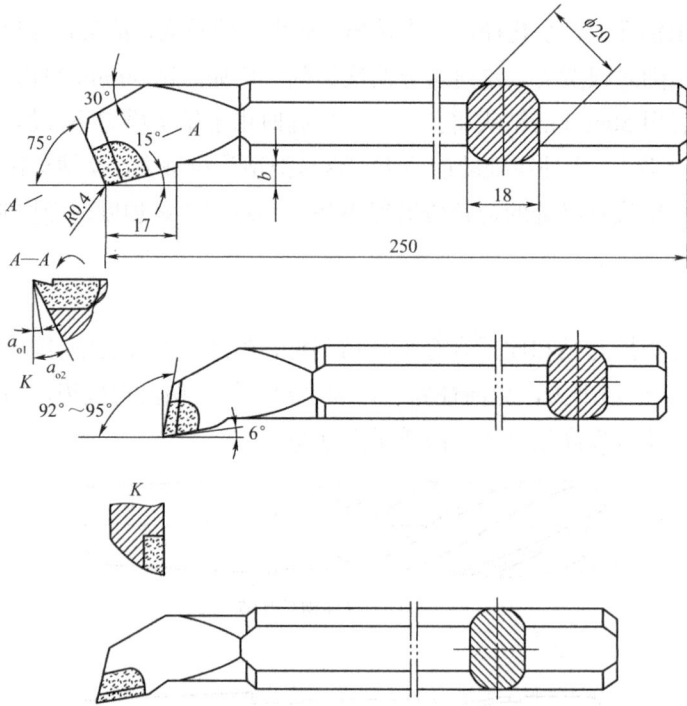

图 7-8 硬质合金整体式内孔车刀

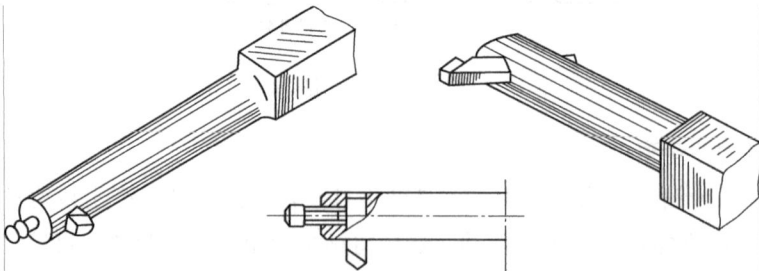

图 7-9 装夹式内孔车刀

2. 车通孔的方法

（1）车孔刀的装夹

① 车孔刀的刀尖应与工件中心等高或稍高。若刀尖低于工件中心，切削时在切削抗力的作用下，容易将刀柄压低而产生扎刀现象，并可造成孔径扩大。

②刀柄伸出刀架不宜过长，一般比被加工孔长 5～10mm。

③车刀刀柄与工件轴线应基本平行，否则在车削到一定深度时刀柄后半部容易碰到工件的孔口。

④车孔刀装夹好后，在车孔前先在孔内试走一遍，检查有无碰撞现象，以确保安全。

（2）车通孔的方法

① 车通孔的车削方法基本上与车外圆相同，只是进刀与退刀的方向相反。

② 在粗车和精车时也要进行试车削，其横向进给量为径向余量的1/2。当车刀纵向进给车削 2mm 长时，纵向快速退出车刀（横向应保持不动），然后停车测试，如果尺寸未达到要求，则需微调横向进给，再试车削、测试，直至符合孔径尺寸要求为止。

③车孔时的车削用量应比车外圆时小一些，尤其是车小孔或深孔时。其车削用量应更小。

3．车台阶孔的方法

（1）车台阶孔时车刀的装夹

与车通孔时一样，车刀的装夹应使刀尖与工件中心等高或稍高，刀柄伸出刀架长度应尽可能短些。除此以外，车孔刀的主刀刃应与平面呈 3°～5°的夹角，如图 7-10 所示。在车内台阶平面时，横向应有足够的退刀余地。而车削平底孔时必须满足 $\alpha<R$ 的条件，否则无法车完平面，而刀尖应与工件中心严格对准。

（2）车台阶孔的方法

① 车削直径较小的台阶孔时，由于观察困难，尺寸精度不宜控制，所以常采用先粗、精车小孔，再粗、精车大孔的顺序进行加工。

② 车大的台阶孔时，在便于测量小孔尺寸且视线又不受影响的情况下，一般先粗车，然后进行精车。

③ 车大、小孔径相差较大的台阶孔时，最好先使用主偏角略小于 90°（一般 $k_r=85°～88°$）的车刀进行粗车，然后用盲孔车刀（内偏刀）精车至要求。如果直接用内偏刀车削，切削深度不可太大，否则刀尖容易损坏。

④ 车孔深度的控制。如图 7-11 所示，粗车时，常采用在刀柄上刻线痕做记号，装夹车孔刀时安装限位铜片；精车时，常采用利用小滑板刻度盘的刻线控制和用深度游标卡尺测量控制。

4．车盲孔（平底孔）的方法

车盲孔时车刀的装夹方法与车台阶孔一样，其加工方法如下所述。

① 车端面、钻中心孔。

② 钻底孔。选择比孔径小 1.5～2mm 的钻头先钻出底孔，其钻孔深度从麻花钻顶尖量起，并在麻花钻上刻线痕做记号。然后用相同直径的平头钻将底孔扩成平底，底平面处留余量0.5～1mm。

③ 粗车孔和底平面，留精车余量 0.2～0.3mm。

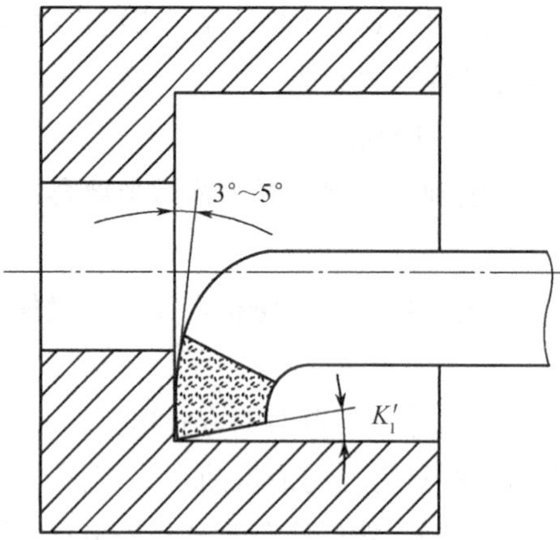

图 7-10　车台阶孔时车刀的装夹

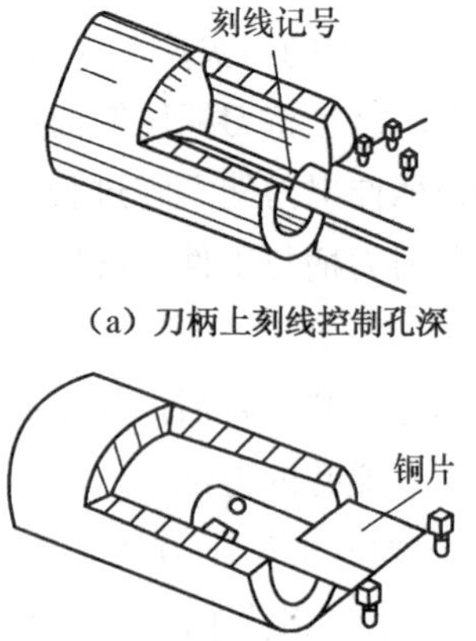

（a）刀柄上刻线控制孔深

（b）限位铜片制孔深

图 7-11　车孔深度的控制

④ 精车孔和底平面至要求。车削平底孔时，车孔刀刀尖应对准工件中心，用中滑板刻度盘控制切削深度，用床鞍手轮刻度盘控制孔深。

四、铰孔

铰孔是用铰刀从工件孔壁上切除微量金属层，以提高其尺寸精度和减少其表面粗糙度值的方法。铰孔是精加工孔的主要方法之一，在工厂中已被广泛采用，其尺寸精度可达 IT9～IT7，表面粗糙度 R_a 值可达 1.6～0.4μm。

1．铰刀

（1）铰刀的构造

铰刀由工作部分、颈部和柄部三个部分组成，其结构如图 7-12 所示。

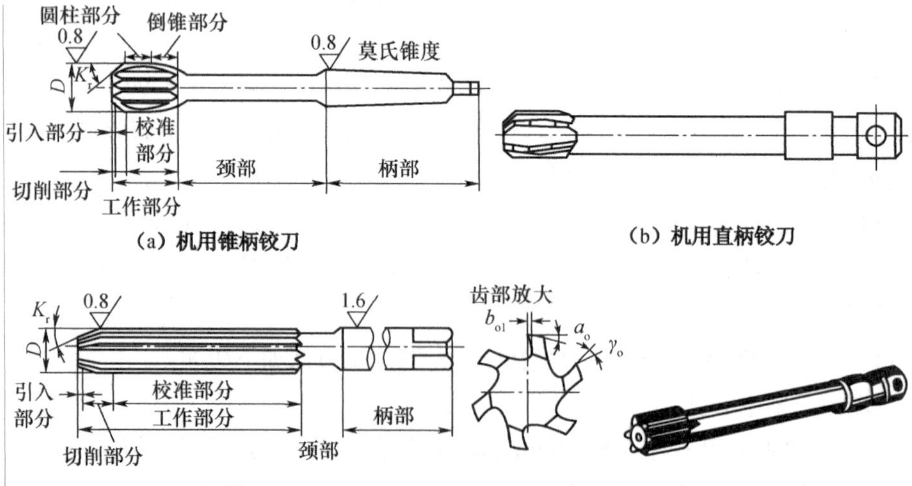

（a）机用锥柄铰刀　（b）机用直柄铰刀

（c）手用铰刀　（d）铰刀齿部放大图　（e）机用直柄铰刀外形

图 7-12　铰刀的构造

（2）铰刀的种类

圆柱孔铰刀主要用来铰削标准系列的孔。按刀具材料分成高速工具钢铰刀和硬质合金铰刀；按其使用时动力来源不同又可分成手用铰刀和机用铰刀两类，如图7-12（a）、7-12（c）所示。

2．铰孔时的切削用量

① 铰孔之前一般先车孔，车孔后留下切削余量不宜太多或太少。余量留得太少，车削痕迹不能铰去，余量留得太多，会使切削挤塞在铰刀的齿槽中，使切削液不能进入切削区而影响质量。因此，一般切削余量为0.08～0.15mm。

② 铰削时切削速度一般在5m/min以下，这样容易获得较小的表面粗糙度。

③ 由于铰刀修光校正部分较长，铰削时的进给量可大一些，钢件一般取0.2～1mm/ｒ，铸铁可取得更大些。

3．铰孔的方法

（1）铰通孔的方法

① 摇动尾座手轮，让铰刀的引入部分轻轻进入孔口，深度为1～2mm。

② 启动车床，加注充分的切削液，双手均匀摇动尾座手轮，如图7-13所示。进给量约为0.5mm/r，均匀地进给至铰刀的切削刃超出孔末端约3/4时，即反向摇动尾座手轮，将铰刀从孔内退出。注意机床主轴仍保持顺转不变，切不可反转，以防损坏铰刀刃口。

③ 将内孔擦清后，用塞规检查孔径尺寸。

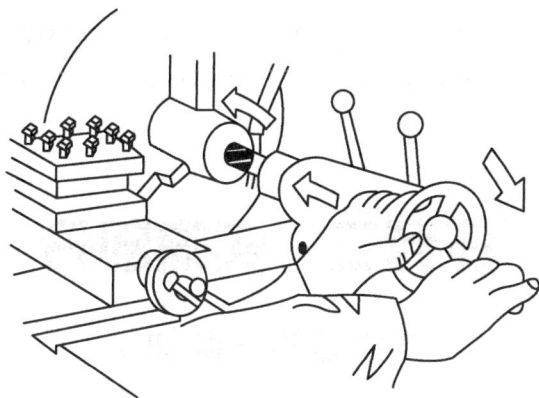

图7-13 铰通孔

（2）铰不通孔的方法

① 不通孔铰削前要对内孔进行半精加工，孔径留0.08～0.12mm的铰削余量，内孔深度要车至尺寸。

② 启动车床，加切削液，摇动尾座手轮进行铰孔，当铰刀端部与孔底相接触后会产生阻力，手动进给感觉到阻力明显增加时就表明铰刀端部已到孔底，应立即将铰刀退出。

③ 铰不通孔，如深度较深，切屑排出比较困难，一般中途应退出1～2次，用切削液和刷子清除切屑后再继续铰孔，如图7-14所示。

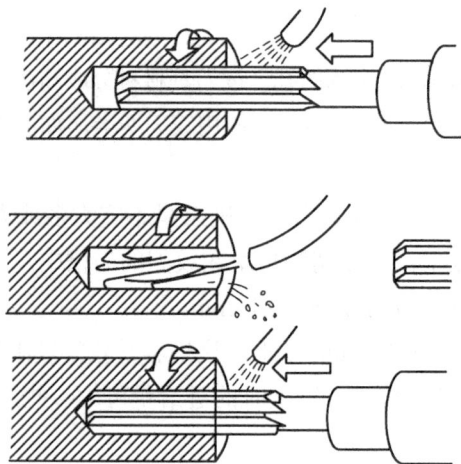

图 7-14 铰不通孔

④ 用内径百分表或外圆有沟槽的不通孔塞规检查孔径尺寸。

（3）铰孔时的注意事项

① 切削液不能间断，浇注位置应在切削区域。

② 注意铰刀保养，避免碰伤。

③ 装夹铰刀时，注意锥柄和锥套的清洁，最好要认定铰刀的安装方向，以防铰刀有弯曲，当方向有转动后，孔径可能有变化。

④ 铰削钢件时，应防止产生积屑瘤，否则容易把孔拉毛或把孔铰废。

⑤ 要防止铰刀中心与工件中心不一致，否则铰孔时可能会产生锥形或把孔铰大。

⑥ 应先进行试铰，以免造成废品。

任务二 实操部分

法兰套的车削加工

技能目标

1. 掌握工件的装夹和加工工序。

2. 继续熟练外圆及端面的加工方法。

3. 掌握钻孔及钻中心孔的加工方法。

4. 掌握内孔的车削方法和铰孔方法。

建议学习学时：4 课时。

一、工作准备

1. 工作任务

加工图 7-15 所示的工件，请认真阅读和分析图样，从而制定出合理的加工工艺。

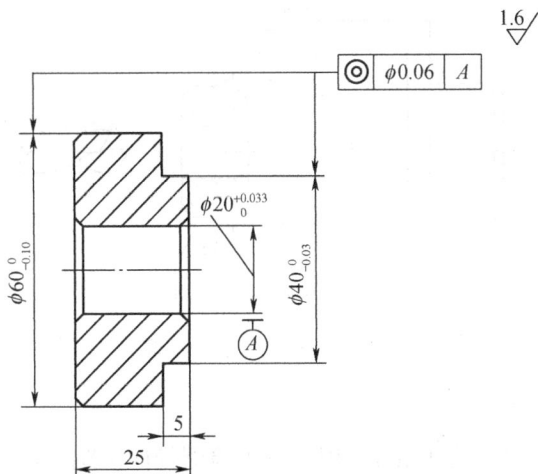

图 7-15　法兰套

2. 所需准备

① 材料：45 调质钢。

② 毛坯准备：热轧圆钢。

③ 刀具：选用 90°、45° 外圆车刀，内孔车刀选用 45° 车孔刀。

④ 量具：A 型 3mm 中心钻，麻花钻 18mm，以及 20mm 的 H7 机用铰刀。

二、加工实操训练

1. 制定加工工艺路线

① 材料为 45 钢，规格为 65mm×30mm。

② 调质 HBS250。

③ 法兰盘加工顺序如下：

车端面——车外圆——钻中心孔——钻孔——车内孔——铰孔——倒角——取总长——倒角。

④ 选用三爪自定心卡盘，选用硬爪与软爪装夹。

2. 工件加工步骤

（1）三爪自定心卡盘装夹工件并找正

① 车端面。

② 钻中心孔用 A 型 ϕ3mm 中心钻。

③ 钻孔用麻花钻 ϕ18mm。

④ 粗、精车外圆 ϕ60mm 至尺寸要求，长度为 21mm，如图 7-16 所示。

⑤ 倒角 C1。

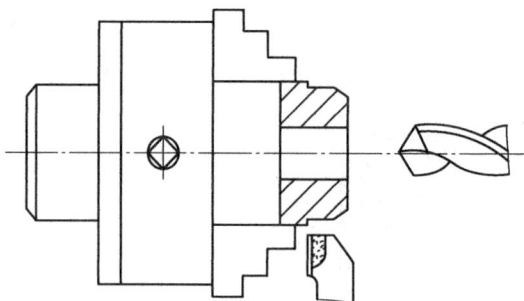

图 7-16　法兰盘加工步骤 1

（2）调头用软爪装夹

① 车软爪，车削长度约为 18mm。用百分表检测径向圆跳动在形位公差要求之内，如图 7-17 所示。

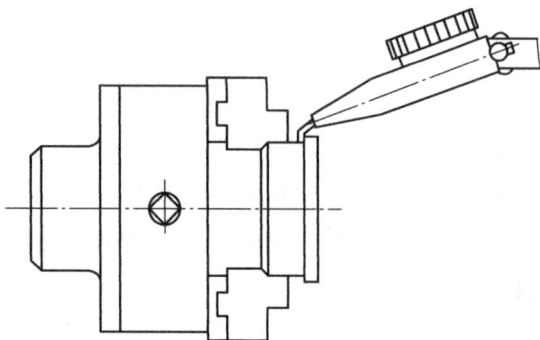

图 7-17　法兰盘加工步骤 2

② 粗、精车外圆 ϕ40mm 至尺寸要求，保证 ϕ60mm，长度尺寸为 20mm。

③ 车端面至总长 25mm。

④ 车内孔留铰削余量 0.08～0.12mm。

⑤ 用铰刀铰内孔至尺寸要求，如图 7-18 所示。

⑥ 外圆锐边倒钝。

⑦ 内孔倒角 C1。

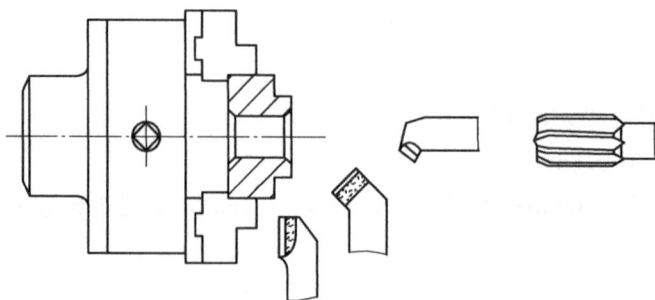

图 7-18　法兰盘加工步骤 3

（3）注意事项

① 在钻孔和钻中心孔前，必须把端面车平。

② 钻钢料时，必须浇注充分的切削液。

③ 尽可能用浮动安装的铰刀铰孔。铰孔结束后，最好从孔的另一端取出铰刀。

三、项目考核及成绩评价

考核分实操（应会）部分和理论（应知）考试部分考核，实操以现场考核和工件测量进行，理论以学生完成的作业批改为主。

考核及成绩评价表

实操成绩考核评定					
序号	考评内容	权重	平分标准	得分	备注
1	外圆直径尺寸公差（2处）	15×2	每项超差 0.01mm 扣 5 分		
2	长度方向称号尺寸公差（2处）	10×2	每超差 0.1mm 扣 5 分		
3	内径直径及公差	20	每超差 0.01mm 扣 5 分		
4	内外孔倒角 C1（3处）	5×3	招标或未做扣分		
5	车刀装夹及找正方法正确	10	不符合要求不得分		
6	操作姿势正确	5	不符合要求不得分		
7	安全文明生产及劳动纪律		违章扣分		
记事：		实操成绩总评			
理论部分考核					
1. 钻孔时要注意哪些事项？					
2. 车孔的关键技术问题是什么？					
3. 铰孔的余量一般为多少？怎样决定？					
4. 保证套类工件的同轴度、垂直度有哪些方法？					
5. 请说明车内沟槽的方法。					
实操得分		理论得分		总平分	学生签名

四、知识拓展

材料一　孔的测量

测量孔径尺寸时，应根据工件的尺寸、数量及精度要求，采用相应的量具进行测量。如果孔的精度要求较低，可采用钢直尺、游标卡尺测量；当孔的精度要求较高时，可用塞规和内径千分尺检测。

1. 用塞规检测

塞规的形状如图 7-19 所示，其通端的基本尺寸等于孔的最小极限尺寸，止端的基本尺寸等于孔的最大极限尺寸。用塞规检验孔径时，若通端进入工件的孔内，而止端不能进入工件的孔内，则说明工件孔径合格。用塞规检测孔径时，应保持塞规表面和孔壁清洁。检测时，塞规轴线应与孔轴线一致，不可歪斜，也不允许将塞规强行塞入孔内。

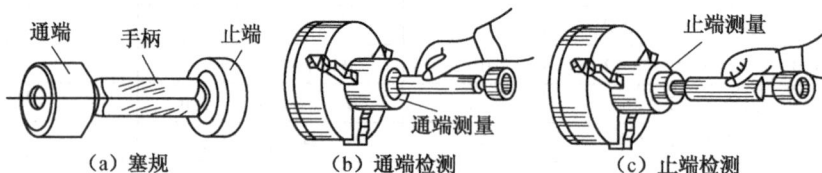

（a）塞规　　（b）通端检测　　（c）止端检测

图 7-19　用塞规检测

2. 用内径千分尺测量

内径千分尺的读数方法与外径千分尺相同，测量大于 50mm 的精度较高、深度较大的孔径时，可采用内径千分尺（图 7-20）。此时，内径千分尺在孔内摆动，在直径方向找到最大读数，轴向找到最小读数，这两个重合读数就是孔的实际尺寸。但由于无测力装置，因此测量误差较大。

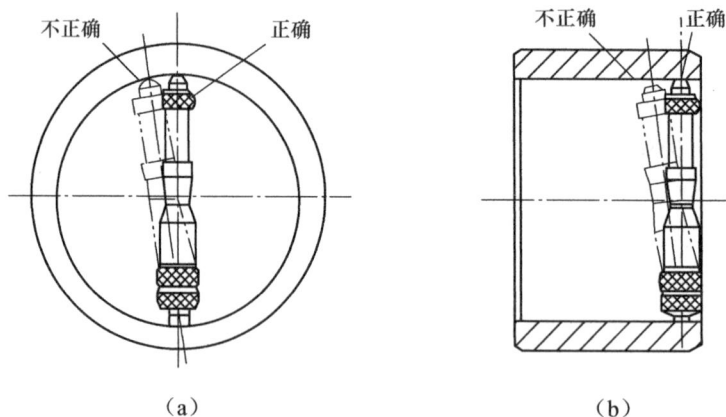

（a）　　　　　　　　　　　　　　（b）

图 7-20　用内径千分尺测量

3. 用内测千分尺测量

内测千分尺是内径千分尺的一种特殊形式（图 7-21），其刻线方向与外径千分尺相反，当微分筒顺时针旋转时，活动爪向右移动，量值增大。内测千分尺的测量范围为 5～30mm

和 25～50mm。

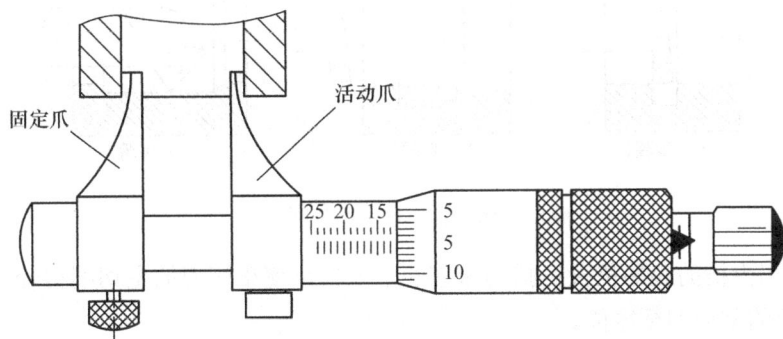

图 7-21 用内测千分尺测量

材料二 车端面直槽和内沟槽

1．车端面直槽

① 确定车槽位置，用钢直尺的一端靠在直槽车刀的侧面，测量槽侧面与工件外径之间的距离 L，如图 7-22 所示。

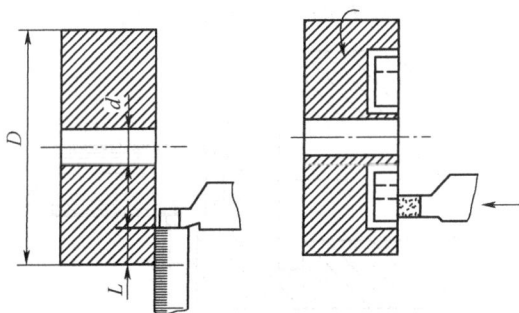

图 7-22 车端面直槽

② 移动床鞍使主切削刃与工件端面轻微接触，将床鞍刻度调至零度。

③ 启动机床，移动床鞍，使主切削刃切入工件端面，试切长度为 1mm，车刀纵向退出。测量直槽外侧试切直径尺寸，根据试切尺寸调整车刀的横向位置。

④ 加切削液，纵向手动或机动进给至要求。

⑤ 用内、外卡钳或游标卡尺测量直槽尺寸。

⑥ 端面直槽的车削方法与车外圆矩形槽相似，槽宽大于主切削刃宽度时，粗车分几刀将槽车出，槽底和两侧各留 0.5mm 精车余量。精车时，先车槽的一侧面，然后横向进给车槽底，最后车槽宽至尺寸并在槽的两侧面倒去锐角。

2．车内沟槽的方法

内沟槽车削方法与车外沟槽基本相似，其方法如图 7-23 所示。

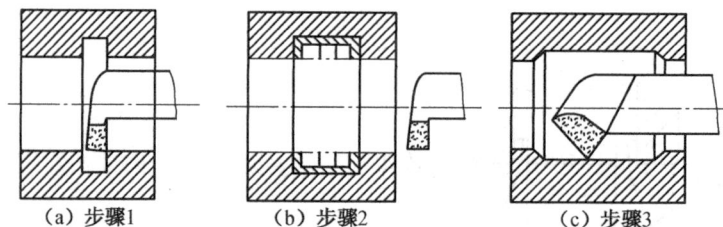

(a) 步骤1 (b) 步骤2 (c) 步骤3

图 7-23 内槽的车削

① 确定车内槽的起始位置：摇动床鞍和中滑板，使车槽刀的主切削刃轻轻地与孔壁接触，将中滑板的刻度调至零位。

② 确定车内槽的终止位置：根据沟槽的深度，计算中滑板的进给格数，并在终点位置记下刻度值。

③ 确定车内槽的退刀位置：主切削刃离开孔壁约 0.2～0.3mm，在刻度盘上做退刀位置标记。

④ 控制内槽的位置尺寸：移动床鞍和中滑板，使内槽车刀主切削刃离工件端面 1～2mm，移动小滑板使主切削刃与工件端面轻轻接触，将床鞍刻度调至零位。移动床鞍，使车刀进入孔内，进入深度为槽的轴向定位尺寸 L 加上主切削刃的宽度，如图 7-24 所示。

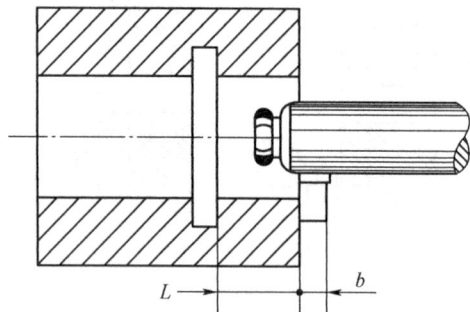

图 7-24 内槽轴向定位尺寸的计算

⑤ 开动机床，摇动中滑板手柄，当主切削刃与孔壁开始切削时，进给量不宜太快，约 0.1～0.2mm/r，刻度进到槽深时，车刀不要马上退出，应稍作滞留，这样槽底经过修整会比较平整光洁，横向退刀时要认准原定退刀刻度位置，不能退得过多，否则刀柄会与孔壁相碰，造成内孔碰伤。

⑥ 内槽尺寸的测量：内槽的轴向位置一般用钢直尺测量，如精度要求高，可用带钩的深度游标卡尺测量，如图 7-25（a）所示。内槽深度可用弹性内卡钳放入槽内进行测量，如图 7-25（b）所示。

对于较深的内槽，可先用通孔车刀然后用内沟槽车刀将两侧的斜面车成直角，如图 7-26 所示。

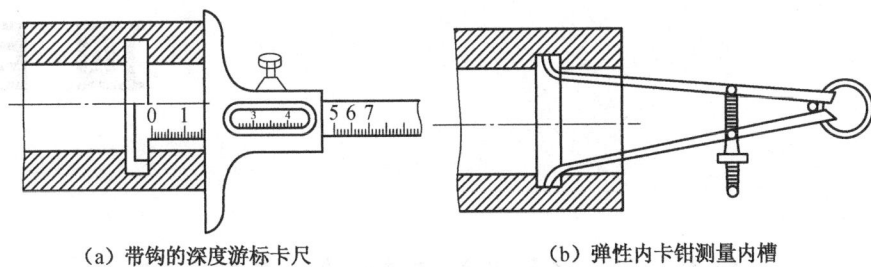

（a）带钩的深度游标卡尺　　　　　（b）弹性内卡钳测量内槽

图 7-25　内槽尺寸的测量

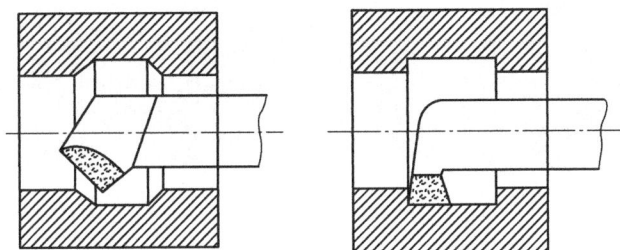

图 7-26　车宽内槽

项目 8

轴类零件综合练习

任务一　理论部分

机械制造工艺学基础知识

知识目标

1. 了解生产过程、工艺过程、工艺规程等基本概念。
2. 理解和掌握工件在机床上正确装夹的实质和方法。
3. 掌握毛坯的选择、拟订工艺路线的原则。

建议学习学时：2 课时。

一、机械的生产过程和工艺过程

1. 生产过程

制造机械产品时，将原材料（或半成品）转变为成品的所有劳动过程，称为生产过程。它包括生产技术准备工作、原材料及半成品的运输和保管、毛坯制造、零件的机械加工和热处理、表面处理、产品装配、检验、调试、油漆和包装等过程。

2. 工艺过程

"工艺"就是制造产品的方法，工艺过程是生产过程的主要组成部分。在生产过程中，直接改变原材料或毛坯的形状、尺寸、性能及相互位置关系，使之成为成品的过程，称为工艺过程，如毛坯制造（铸造、锻造、冲压等）、机械加工、热处理、表面处理及装配等。因此，工艺过程可分为铸造工艺过程、锻造工艺过程、机械加工工艺过程、焊接工艺过程、热处理工艺过程、装配工艺过程等。

二、机械加工工艺过程的组成

利用机械加工的方法，直接改变毛坯形状、尺寸和表面质量，使其变为机械零件的过程，称为机械加工工艺过程。它一般由一个或若干个工序组成，而工序又可分为安装、工位、工步和走刀等，它们按一定顺序排列，逐步改变毛坯的形状、尺寸和材料的性能，使之成为合格的零件。

1．工序

工序就是由一个（或一组）工人，在一个工作地点（或一台机床上），对同一个零件（或一组零件）进行加工所连续完成的那部分工艺过程。

工序是工艺过程的基本单元，划分工序的主要依据是工作地点（或设备）是否变动和工作是否连续。若有变动或不连续完成表面加工则构成了另一道工序。通常把仅列出主要工序名称的简略工艺过程简称为工艺路线。如图 8-1 所示的阶梯轴，在生产批量较小时其工序的划分如表 8-1 所示；加工批量较大时，可按表 8-2 所示划分工序。

2．安装

在机械加工中，使工件在机床或夹具中占据某一正确位置并被夹紧的过程，称为装夹。有时，工件在机床上需经过多次装夹才能完成一个工序的工作内容。工件在机床上每装卸一次所完成的那部分工序，称为安装。在同一工序中，工件的工作位置可能只需一次安装，也可能需要多次安装。例如，表 8-1 的工序 2，一次安装即可铣出键槽；而工序 1 中，为了车出全部外圆则最少需要两次安装。工件在加工中，应尽可能减少安装次数，以减少安装误差和安装工件所花费的时间。

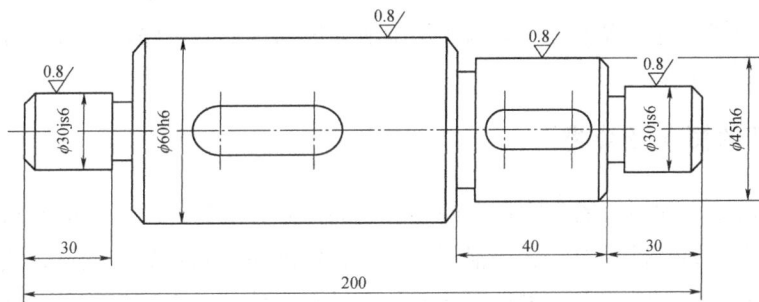

图 8-1　阶梯轴简图

表 8-1　单件小批量生产时的加工工艺路线

工　序　号	工　序　内　容	设　备
1	车端面，钻中心孔，车全部外圆，车槽与倒角	车床
2	铣键槽，去毛刺	铣床
3	粗磨各外圆	外圆磨床
4	热处理	高频淬火机
5	精磨外圆	外圆磨床

表8-2　成批加工阶梯轴时的加工工艺路线

工序号	工序内容	设备	工序号	工序内容	设备
1	铣两端面，钻中心孔	铣端面钻中心孔机床	5	去毛刺	钳工台
2	车一端外圆，车槽与倒角	车床	6	粗磨外圆	外圆磨床
3	车另一端外圆，车槽与倒角	车床	7	热处理	高步淬火机
4	铣键槽	铣床	8	精磨外圆	外圆磨床

3．工位

为了减少工件的安装次数，在大批量生产时，常采用各种回转工作台、回转夹具或移位夹具，使工件在一次安装中先后处于几个不同位置进行加工。工件在一次安装下相对于机床或刀具每占据一个加工位置所完成的那部分工艺过程称为工位。工位又可分为单工位和多工位。

4．工步

在加工表面、切削工具、切削速度和进给量都不变的情况下，所连续完成的那一部分工序，称为工步。一道工序可以包括几个工步，也可以只包括一个工步。例如，在表8-2的工序3中，它包括车各外圆表面及车槽等工步。而工序4中采用键槽铣刀铣键槽时，就只包括一个工步。

应该说明的是，构成工步的因素有加工表面、刀具和切削用量，它们中的任一因素改变后，一般就变成了另一个工步。

5．走刀（或进给）

在一个工步内，若被加工表面需切除的金属层很厚（加工余量较大），需要分几次切削，则每进行一次切削就是一次走刀，即每次切削所完成的那部分工序，称为走刀。一个工步可以包括一次或多次走刀。

三、基准的概念及分类

零件是由若干表面组成的，它们之间有一定的相互位置和距离尺寸的要求。在零件或部件的设计、制造和装配过程中，必须根据一些点、线或面来确定另一些点、线或面的位置，以保证零件图上所规定的要求。零件表面间的各种相互依赖关系，就引出了基准的概念。

基准就是零件上用来确定其他点、线、面位置的那些点、线、面。基准按其作用可分为设计基准和工艺基准两类。在制造零件或装配机器的生产过程中使用的基准称为工艺基准。工艺基准按用途不同又分为工序基准、定位基准、测量基准和装配基准等。

1．工序基准

在工序图上，用以确定本工序被加工面加工后的尺寸、形状、位置的基准称为工序基准。其所标注加工面的尺寸称为工序尺寸。图8-2所示为一工件上钻孔工序简图，图8-2（a）、图8-2（b）分别表示对被加工孔的工序基准的两种不同选择。图中尺寸（22±0.1）mm 和尺寸（18±0.1）mm 为选择不同工序基准时的工序尺寸。

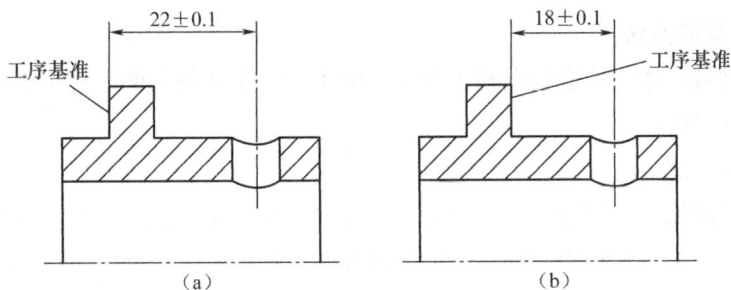

图 8-2　工序基准实例

2．定位基准

在机械加工中，用来使工件在机床上或夹具中占有正确位置的点、线或面称为定位基准，它是工艺基准中最主要的基准。如图 8-3 所示，加工齿轮齿形时，利用已经精加工的孔和端面，将工件安装在机床夹具上，所以孔的轴线和端面是加工齿形的定位基准。作为定位基准的点、线、面可能是工件上的某些面，也可能是看不见摸不着的中心线、对称线、对称面、球心等。应该指出的是工件上作为定位基准的点、线、面，通常是由具体的表面来体现的，这些具体表面称为定位基准面。如图 8-3 所示，齿轮孔的轴线实际上是由孔的表面来体现的。

3．测量基准和装配基准

检验已加工表面的尺寸及位置精度所使用的基准称为测量基准。用以确定零件或部件在机器中位置的基准称为装配基准。图 8-3 所示的齿轮是以孔作为装配基准的。

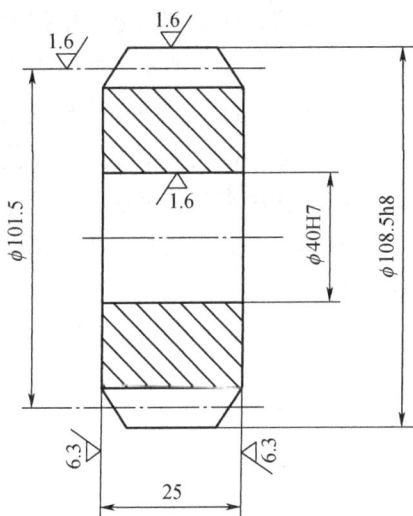

图 8-3　齿轮

四、工件的装夹

工件在加工前必须在机床或夹具上首先占据一个正确位置，也就是工件要被定位，然后进行夹紧。从定位到夹紧的整个过程称为装夹。

1．工件装夹的实质

在机床上加工工件时，为了要使该工序加工的表面，能达到图样规定的尺寸、几何形状，以及与其他表面的相互位置精度等技术要求，在加工前，必须将工件装好、夹牢。

把工件装好，就是要在机床上确定工件相对刀具的正确加工位置。工件只有处在这一位置上接受加工，才能保证其被加工表面达到工序所规定的各项技术要求。在夹具设计的术语中，把工件装好称为定位。

2. 工件装夹的方法

随着生产批量、加工精度要求和工件大小的不同，工件装夹的方法也不同。常见的工件装夹方法有以下三种。

（1）直接找正法

直接找正法此法是利用划针、百分表或目测直接在机床上找正工件，使其获得正确的位置。普通车床上加工零件常用此种方法。如图 8-4（a）所示，在磨床上磨削套筒内孔，先将套筒顶夹在四爪单动卡盘中，用百分表直接找正工件外圆表面，从而保证零件内孔与外圆的同轴度要求。又如图 8-4（b）所示，在牛头刨床上加工一个同工件底面及侧面有平行度要求的槽，通过百分表来找正。

（2）划线找正法

划线找正法是利用划针根据毛坯或半成品上所划的线为基准，找正它在机床上的正确位置。如图 8-4（c）所示。此时用于找正的划线即为定位基准。

划线找正法受划线精度和找正精度的限制，定位精度不高，效率较低，主要用于批量小，毛坯精度低，以及大型零件等不便使用夹具的粗加工。

（3）使用夹具装夹法

使用夹具装夹法是直接利用夹具上的定位元件使工件获得正确位置的定位方法。由于夹具的定位元件与机床和刀具的相对位置均已预先调整好，故工件定位时不必再逐个调整。此法定位迅速、可靠，定位精度高，广泛用于成批生产和大量生产中，如图 8-4（d）所示。

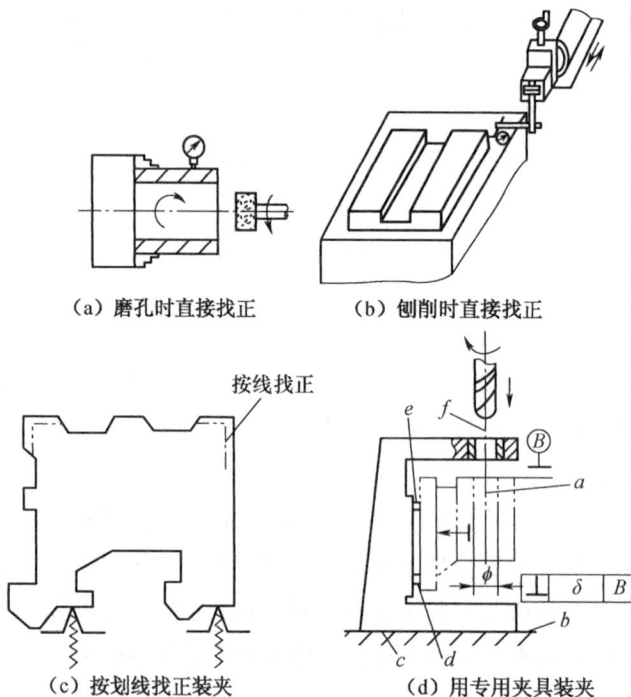

（a）磨孔时直接找正　　　　（b）刨削时直接找正

（c）按划线找正装夹　　　　（d）用专用夹具装夹

图 8-4　工件装夹方法

任务二　实操部分

螺纹阶梯轴综合加工训练

技能目标

1. 熟悉车外圆、车阶台所用车刀及其刃磨方法。
2. 掌握切断刀的几何形状及刃磨方法。
3. 掌握用转动小滑板法车削圆锥面的方法和步骤。
4. 掌握高速钢三角螺纹车刀的刃磨方法。
5. 掌握用低速车削三角形螺纹的方法和操作技能。

建议学习学时：4课时。

一、工作准备

1. 工作任务

加工图 8-5 所示的螺纹阶梯轴工件，请认真阅读和分析图样，了解各项技术要求和工艺要求，从而制定合理的加工工艺和工序。

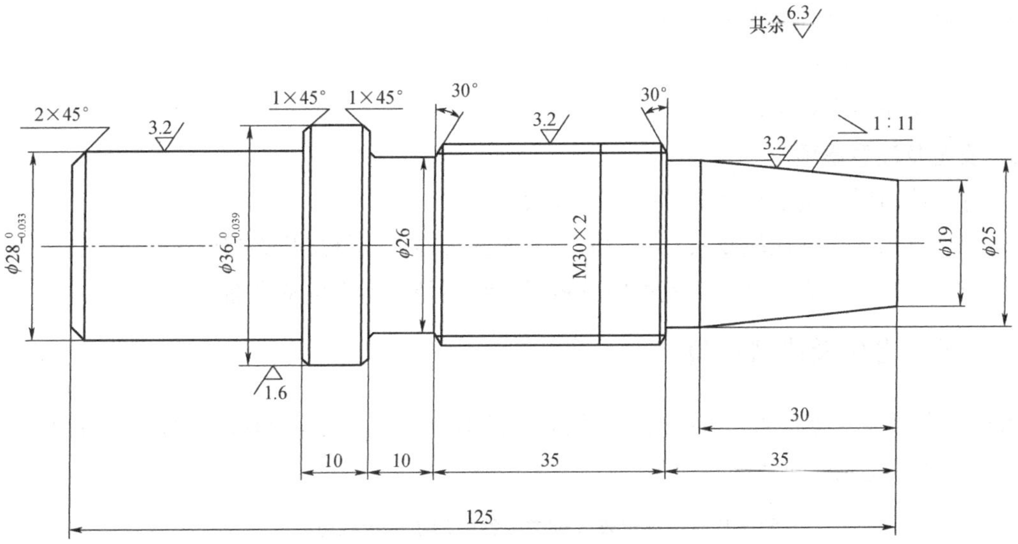

图 8-5　轴类零件综合加工练习

2. 所需准备

① 材料：45 调质钢。

② 毛坯准备：热轧圆钢。

③ 刀具：90°外圆车刀、切断刀和切槽刀各一把、高速钢外三角形螺纹粗、精车刀各一把。

④ 量具：万能角度尺、角度器、螺距规、螺纹千分尺等。

二、加工实操训练

1. 车削步骤分析

① 用三爪自定心卡盘夹住毛坯外圆，伸出长度为 90mm 左右，车外圆见光即可。

② 调头夹住已车过的表面，找正夹牢，粗车、精车 $\phi28$、$\phi36$ 至尺寸。

③ 调头垫好铜皮夹住 $\phi28$ 外圆找正夹牢，车端面截总长至尺寸，钻中心孔，用后顶尖顶住。粗车 M30 外圆，粗车 $\phi26$、$\phi25$ 各留 1mm 余量。

④ 精车螺纹部分大径直径至尺寸。两端倒角 30°。

⑤ 精车 $\phi26$、$\phi25$ 至尺寸。

⑥ 精车螺纹至尺寸。

⑦ 精车 1：10 锥度至尺寸。

2. 综合练习要求

① 巩固、熟练、提高车削外圆、阶台、沟槽、圆锥面及三角形螺纹的操作技能。

② 巩固刃磨各种刀具的技能。

③ 正确掌握使用常用量具进行测量的技能。

④ 了解车削螺纹时产生废品的原因和预防方法。

⑤ 合理选用切削用量和切削液。

⑥ 培养文明生产和习惯。

3. 安全及注意事项

① 综合练习时一定要选择合理的车削步骤。

② 综合练习的工件比较复杂，有时需要多次调头装夹，每次装夹都要牢固可靠。

③ 定位基准要牢固可靠，不允许用三角形螺纹顶径作为定位基准面。

三、项目考核及成绩评价

考核分实操（应会）部分和理论（应知）考试部分考核，实操以现场考核和工件测量进行，理论以学生完成的作业批改为主。

考核及成绩评价表（轴类零件的加工综合练习）

实操成绩考核评定					
序号	考评内容	权重	平分标准	得分	备注
1	直径部分 $\phi28$、$\phi36$	10×2	每超差 0.01mm 扣 5 分		
2	螺纹大径	10	每超差 0.1mm 扣 5 分		
3	螺纹中径	10	每超差 0.01mm 扣 5 分		

序号	考评内容	权重	平分标准	得分	备　注
			实操成绩考核评定		
4	螺纹两侧30°（2处）	2×2	R_a>3.2 不得分		
5	沟槽ϕ26	10	超差0.1mm扣5分		
6	外圆锥部分	10	不符合要求不得分		
7	长度方向	3×5	每超差0.1mm扣2分		
8	倒角1.5×45°、2×45°（3处）	2×3	不符合要求不得分		
9	R_a1.6、3.2（3处）	5×3	不符合要求不得分		
	安全文明生产及劳动纪律		违章扣分		
	记事：		实操成绩总评		

理论部分考核

1. 什么是生产过程和工艺过程？

2. 什么是工序、安装、工位及工步？

3. 工件的装夹包括哪些内容？它们起什么作用？

4. 工件的装夹方法有哪几种？各适用于什么情况下？其定位精度如何？

5. 谈谈你对本次轴类零件综合练习的心得，对你的车工技能有哪些帮助。

实操得分		理论得分		总平分		学生签名	

四、知识拓展

生产纲领、生产类型及其工艺特征

机械产品的制造工艺不仅和产品的结构、技术要求有很大关系，而且也与企业的生产类型有较大关系，而企业的生产类型是由企业的生产纲领来决定的。

1. 生产纲领

企业在计划期内应生产的产品产量和进度计划，称为生产纲领。企业的计划期常定为一年，因此，生产纲领常被理解为企业一年内生产的产品数量，即年生产纲领，也称年产量。机器中某零件的生产纲领除制造机器所需要的数量以外，还要包括一定的备品和废品，所以，零件的生产纲领要计入备品和允许的废品数量。零件的年生产纲领通常可按下式计算：

$$N=Qn（1+a\%）（1+b\%） \tag{8-1}$$

式中 N——零件的生产纲领（件/年）；

Q——产品的年产量（台/年）；

n——每台产品中含该零件的数量（件/台）；

$a\%$——备品率。以百分数计；

$b\%$——废品率，以百分数计。

2. 生产类型及其工艺特征

在制定机械加工工艺的过程中，工序的安排不仅与零件的技术要求有关，而且与生产类型有关。生产纲领不同，生产规模也不同。根据生产纲领的大小和产品品种的多少，机械制造企业的生产可分为单件生产、成批生产（小批、中批和大批）和大量生产三种类型。

（1）单件生产

单个地生产不同结构和不同尺寸的产品，产品的品种很多，同一产品的产量很少，而且很少重复生产，各工作地加工对象经常改变，如重型机械制造、专用设备制造和新产品试制等均属单件生产。

（2）成批生产

一年中分批轮流制造几种不同产品，每种产品均有一定的数量，生产呈周期性重复，如机床、机车、纺织机械等产品的制造多属成批生产。

同一产品（或零件）每批投入生产的数量称为批量。批量可根据零件的年产量及一年中的生产批数计算确定。根据批量的大小和被加工零件的特征，成批生产又可分为小批、中批和大批生产三种。小批生产的工艺特征接近单件生产，常将两者合称为单件小批量生产；大批生产的工艺特征接近大量生产，常合称为大批大量生产；中批生产的工艺特征则介于单件小批量生产和大批大量生产之间。

（3）大量生产

同一产品的生产数量很大，通常是一工作地长期进行同一种零件的某一道工序的加工，如汽车、拖拉机、轴承等的制造多属大量生产。

生产类型的划分既要考虑生产纲领（年产量），还必须考虑产品本身的大小和结构的复杂性。不同产品生产类型的划分如表 8-3 所示。

表 8-3　不同产品生产类型的划分

生产类型		生产纲领/（台/年或件/rh ）			工作地每月担负的工序数/月
		重型机械或重型零件	中型机械或中型零件	小型机械或轻型零件	
单件生产		≤5	≤10	≤100	不作规定
成批生产	小批	>5～100	>10～150	>100～500	>20～10
	中批	>100～300	>150～500	>500～5 000	>10～20
	大批	>300～1 000	>500～5 000	>5 000>50 000	>1～10
大量生产		>100	>5 000	>50 000	1

注：小型机械、中型机械和重型机械可分别以缝纫机、机床（或柴油机）和轧钢机为代表。

复合轴加工综合考核训练

任务一 实操部分实训

复合轴加工综合考核训练

技能目标- -

1. 通过复合轴加工的考核训练，要求进一步巩固、熟练、提高端面、阶台、沟槽、锥度和外三角形螺纹的车削的操作技能。

2. 实际加工工艺方法包括钻中心孔、用一夹一顶的方法加工轴类零件，熟练掌握沟槽、锥度和外三角形螺纹及孔的加工。

3. 在操作和加工中，应达到以下要求。

① 能较快地进行安装和装夹工件。

② 了解车削轴类零件产生废品的原因和防治方法。

③ 了解同轴度的意义和掌握达到同轴度的加工方法。

④ 掌握检查轴类零件同轴度的方法。

⑤ 掌握用刻线痕和用小拖板的方法控制阶台的长度。

4. 能对孔类零件进行加工。

5. 能根据零件精度的不同要求，正确选择、使用不同的量具。

6. 能较合理地选择切削用量，达到粗、精车有明显区别。

7. 掌握刀具的几何角度，巩固硬质合金车刀的刃磨和使用技巧。

8. 养成对工件去毛刺，倒角的习惯。

建议学习学时：5~7课时。

一、工作准备

1. 工作任务

加工如图 9-5 所示的复合轴工件，请认真阅读和分析图样。

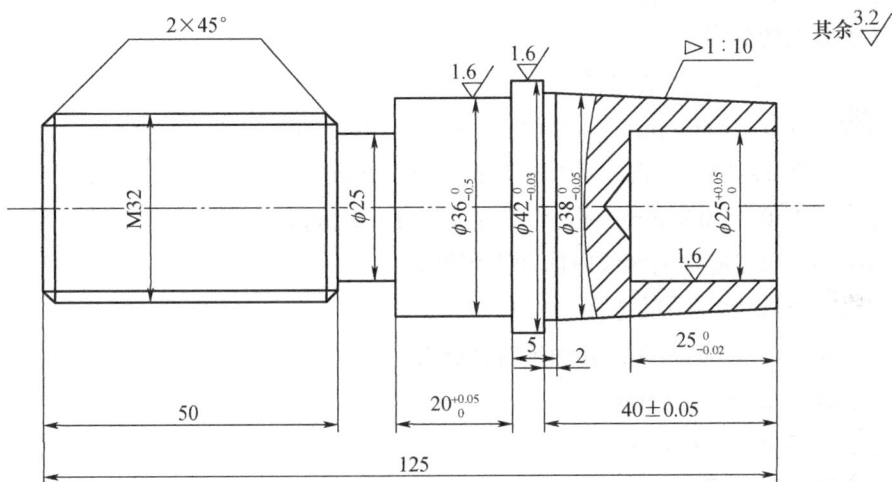

图 9-1　复合轴加工

2. 工作准备

① 材料准备：根据工件图样尺寸，可取直径 $\phi55mm$、长度 135mm、材料为 45 钢的棒料作为加工材料，记为 $\phi55mm \times 135mm$。

② 刀具：选用 90°、45° 外圆车刀，切断刀和切槽刀各一把，高速钢外三角形螺纹粗、精车刀各一把，内孔车刀选用 45° 车孔刀，A 型 3mm 中心钻，$\phi16mm$、$\phi20mm$ 的麻花钻。

③ 量具：游标卡尺、千分尺、角度器、螺距规、螺纹千分尺等。

二、加工实操训练

1. 加工工序

① 夹住工件探出长度 30mm 钻出左端中心孔。

② 用一夹一顶的方法夹紧右端。

③ 粗车 $\phi42mm$、$\phi36mm$、$\phi32mm$ 阶台各留加工余量 1mm。

④ 精车 $\phi42mm$、$\phi36mm$、$\phi32mm$ 阶台并倒角。

⑤ 车出退刀槽至要求。

⑥ 车出 M32 螺纹。

⑦ 调头垫好铜皮夹住 $\phi36mm$ 处并找正。

⑧ 钻出 $\phi23 \times 25$ 底孔。

⑨ 粗车 1:10 锥度大端直径留加工余量 1mm。

⑩ 精车锥度及大端直径至要求。

⑪ 粗车ϕ25mm 孔。

⑫ 精车ϕ25mm 孔至要求并倒角。

⑬ 将工件卸下进行检验。

2．切削参数的确定

（1）粗加工时切削用量的选择

① 转数 n=350～400r/min；孔加工时：n=350～400r/min。

② 切削深度 a_p=2.5～3mm；孔加工时：a_p=1～2mm。

③ 进给量 F=0.2～0.35mm；孔加工时：F=0.1～0.2mm。

④ 螺纹加工时参照切削螺纹时的加工用量。

（2）精加工时切削用量的选择

① 转数 n=500～800 r/min；孔加工时：n=450～600 r/min。

② 切削深度 a_p=0.1～0.5mm。

③ 进给量 F=0.03～0.08mm。

3．安全及注意事项

① 综合练习时一定要选择合理的车削步骤。

② 综合练习的工件比较复杂，有时需要多次调头装夹，每次装夹都要牢固可靠。

③ 定位基准要牢固可靠，不允许用三角形螺纹顶径作为定位基准面。

三、项目考核及成绩评价

本次考核以复合轴加工的实操为主，同学们必须在规定的时间内完成，实操以现场考核和工件测量进行，同时考核同学们的文明生产及加工完成后对机床的清洁维护。

考核及成绩评价表（复合轴的加工综合练习）

实操成绩考核评定						
序号	考评内容	权重	平分标准	扣分	得分	备　注
1	$\phi 42^{0}_{-0.03}$	10	超差 0.01 扣 1 分			
2	$\phi 36^{0}_{-0.025}$	10	超差 0.01 扣 1 分			
3	$\phi 38^{0}_{-0.05}$	10	超差 0.01 扣 1 分			
4	$\phi 25$	4	超差全扣			
5	$\sqrt{1.6}$ 螺纹两侧	8	一处降一级扣 1 分，扎刀 1 次扣 1 分			
	125	2	超差全扣			
	5	2	超差全扣			
	40±0.05	4	超差全扣			
	$20^{0.05}_{0}$	4	超差全扣			
	孔长 $20^{0}_{-0.2}$	4	超差全扣			

实操成绩考核评定						
序号	考评内容	权重	平分标准	扣分	得分	备　注
	5	2	超差全扣			
	2	2	超差全扣			
	孔$\phi 25^{+0.05}_{0}$	8	超差全扣			
	1:10　（$\alpha \pm 0.4''$）	8	超差全扣			
	倒角 2×45°（2 处）	4	一处不合格扣 2 分			
	倒角 1×45°（5 处）	5	一处不合格扣 1 分			
	$\overset{1.6}{\vee}$（4 处）	8	一处降一级扣 1 分			
6	安全文明生产及劳动纪律	5	违章扣 5 分			
	记事：		实操成绩总评			
	理论部分考核					
实操得分		理论得分		总平分		学生签名	

任务二 车工技能训练（初级）理论知识复习巩固

技能目标

通过本理论复习题的练习，应掌握本门课程理论（应知部分）考核的相关知识，并做好本课程的结业考试。本课程的总评成绩由 9 个实训项目的成绩和期末理论考试的成绩综合组成。

一、判断题（对画√，错画×）

1．事故"三不放过"，即事故未查清原因不放过，当事者未吸取教训不放过和未采取整改防范措施不放过。　　　　　　　　　　　　　　　　　　（　　）

2．光杠是用来车削螺纹的。　　　　　　　　　　　　　　　　　　（　　）

3．变换主轴箱外手柄的位置可使主轴得到各种不同转速。　　　　　（　　）

4．小滑板扳动角度，可车削带锥度的工件。　　　　　　　　　　　（　　）

5．车床工作中主轴要变速时，必须先停车，变换进给箱手柄位置要在低速时进行。　　　　　　　　　　　　　　　　　　　　　　　　　　　（　　）

6．车床露在外面的滑动表面，擦干净后用油壶浇油润滑。　　　　　（　　）

7．车床主轴箱内注入的新油油面不得高于油标中心线。　　　　　　（　　）

8．对车床进行保养的主要内容是清洁和必要的调整。　　　　　　　（　　）

9．车工在操作中严禁戴手套。　　　　　　　　　　　　　　　　　（　　）

10. 切削液的主要作用是降低温度和减少摩擦。 （　　）

11. 车刀刀具硬度与工件材料硬度一般相等。 （　　）

12. 刀具材料的耐磨损与其硬度无关。 （　　）

13. 目前常用的车刀材料有高速钢、硬质合金、涂层刀具材料和超硬刀具材料。

（　　）

14. 高速钢刀具制造简单，有较好的工艺性和足够的强度及韧性，可制造形状复杂的刀具。 （　　）

15. 硬质合金刀具的韧性较好，不怕冲击。 （　　）

16. 一般情况下，YG3 用于粗加工，YG8 用于精加工。 （　　）

17. 一般情况下，YT5 用于粗加工，YT30 用于精加工。 （　　）

18. 常用车刀按刀具材料可分为高速钢和硬质合金车刀两类。 （　　）

19. 沿车床床身导轨方向的进给量称为横向进给量。 （　　）

20. 如果要求切削速度保持不变，则当工件直径增大时，转速应相应降低。 （　　）

21. 切削用量包括背吃刀量、进给量和工件转速。 （　　）

22. 切削速度是切削加工时，刀具切削刃选定点相对于工件的主运动的瞬时速度。

（　　）

23. 进给量是工件每转一分钟，车刀沿进给运动方向上的相对位移。 （　　）

24. 背吃刀量是工件上已加工表面和待加工表面间的垂直距离。 （　　）

25. 车刀在切削工件时，使工件上形成已加工表面、切削平面和待加工表面。 （　　）

26. 垂直于基面的平面称为切削平面。 （　　）

27. 基面是通过切削刃上某一选定点，垂直于该点切削速度方向的平面。 （　　）

28. 车刀的基本角度有前角、主后角、副后角、主偏角、副偏角和刃倾角。 （　　）

29. 精车时刃倾角应取负值。 （　　）

30. 用高速钢车刀精车时，应当选择较高的切削速度和较小的进给量。 （　　）

31. 车刀后角的主要作用是减少车刀后面与切削平面之间的摩擦。 （　　）

32. 工件上经刀具切削后产生的新表面称为加工表面。 （　　）

33. 刃磨车刀时要用力，但车刀不需要移动。 （　　）

34. 刃磨硬质合金车刀时，车刀发热可以直接放入水中冷却，高速钢车刀不能放入水中冷却。 （　　）

35. 为了使车刀锋利，精车刀的前角一般应取大些。 （　　）

36. 车端面时，车刀刀尖应稍低于工件中心，否则会使工件端面中心处留有凸头。

（　　）

37. 粗加工时，余量较大，为了使切削省力，车刀应选择较大的前角。 （　　）

38. 麻花钻可以在实心材料上加工内孔，不能用来扩孔。 （　　）

39. 麻花钻两主切削刃之间的夹角称为顶角。 （　　）

40．标准麻花钻的顶角为 140°。 （　　）

41．钻孔时，切削速度与钻头直径成正比。 （　　）

42．麻花钻有直柄和锥柄两种。 （　　）

43．标准麻花钻的螺旋角在 18°～30°。 （　　）

44．麻花钻两主切削刃成凸形刃时，说明顶角大于 18°。 （　　）

45．麻花的后角增大时，横刃斜角减小，钻削时切削力减小。 （　　）

46．刃磨麻花钻时，应随时冷却，以防钻头刃口发热退火，降低硬度。 （　　）

47．直径大于 14mm 的锥柄钻头可直接装在尾座套筒内。 （　　）

48．直柄钻头不能直接装在尾座套筒内。 （　　）

49．因三爪卡盘有自动定心作用，故对高精度工件的位置可不必校正。 （　　）

50．国家标准中心孔只有 A 型和 B 型两类。 （　　）

51．钻中心孔时不宜选择较高的机床转速。 （　　）

52．中心孔是轴类工件的定位基准。 （　　）

53．中心孔根据工件的直径（或工件的重量），按国家标准来选用。 （　　）

54．车削短轴可直接用卡盘装夹。 （　　）

55．顶尖的作用是定心、承受工件的重量和切削力。 （　　）

56．一夹一顶装夹，适用于工序较多、精度较高的工件。 （　　）

57．车床中滑板刻度盘每转过一格，中滑板移动 0.05mm，有一工件试切后尺寸比图样小 0.2mm，这时将中滑板向相反方向转过 2 格，就能将工件车到图样要求。 （　　）

58．车外圆时，车刀刀杆的中心线与进给量方向不垂直，这时车刀的前角和后角的数值都发生变化。 （　　）

59．为避免产生振动，要求车刀伸出长度要尽量短，一般不应该超过刀杆厚度的 1～1.5 倍。 （　　）

60．切断刀以横向进给为主，因此主偏角等于 180°。 （　　）

61．锉削时，在锉齿面上涂上一层粉笔末，以防锉削屑滞塞在锉齿缝里。 （　　）

62．对工件外圆抛光时，可以直接用手捏住砂布进行。 （　　）

63．抛光时选用砂布，号数越大，颗粒越细。 （　　）

64．工件上滚花是为了增加摩擦力和使工件表面美观。 （　　）

65．滚花刀只有单轮和双轮两种。 （　　）

66．测量较高精度外圆一般用游标卡尺测量。 （　　）

67．在两顶尖上测量同轴度用百分表测量。 （　　）

68．车孔时的切削用量应比车外圆低一些。 （　　）

69．不通孔车刀的主偏角应小于 90°。 （　　）

70．使用塞规测量圆柱孔时，孔表面粗糙度应要求在 $R_a 3.2\,\mu m$ 以上。 （　　）

71．铰孔时，切削速度越高，工件表面粗糙度越细。 （　　）

72. 铰孔不能修正孔的直线度误差，所以铰孔前一般都经过车孔。　　　　（　　）

73. 铰孔时，切削速度和进给量都应取得尽量小些。　　　　　　　　　（　　）

74. 螺纹既可用于连接、紧固及调节，又可用来传递动力或改变运动形式。（　　）

75. 牙形半角是指在螺纹牙形上，两相邻牙侧间的夹角。　　　　　　　（　　）

76. 螺纹底径是指与外螺纹或内螺纹牙底相切的假想圆柱或圆锥的直径，即外螺纹小径
或内螺纹大径。　　　　　　　　　　　　　　　　　　　　　　　　　（　　）

77. 代表螺纹尺寸的直径（管螺纹用尺寸代号表示）称为公称直径。　　（　　）

78. 螺距是指同一条螺旋线上的相邻两牙在中径线上对应两点间的轴向距离。（　　）

79. 普通螺纹的牙形角为 $60°$。　　　　　　　　　　　　　　　　　　（　　）

80. 公称直径相等的内、外螺纹中径的基本尺寸应相等。　　　　　　　（　　）

81. 普通螺纹的中径计算公式是 $d_2=D_2=0.886P$。　　　　　　　　　（　　）

82. 粗牙普通单线螺纹的尺寸代号为"公称直径×螺距"。　　　　　　（　　）

83. 在普通螺纹代号后加注"LH"，则是左旋螺纹，未注明的为右旋螺纹。（　　）

84. 英制螺纹的牙形角为 $60°$。　　　　　　　　　　　　　　　　　　（　　）

85. 英制螺纹尺寸代号表示外螺纹大径尺寸。　　　　　　　　　　　　（　　）

86. 管螺纹的尺寸代号是指管子外径的公称直径。　　　　　　　　　　（　　）

87. $55°$ 圆锥管螺纹有 $1:20$ 的锥度。　　　　　　　　　　　　　　（　　）

88. 装夹三角形螺纹车刀时，车刀刀尖角中心线必须与工件轴线严格保持垂直，否则会
产生牙形歪斜。　　　　　　　　　　　　　　　　　　　　　　　　　（　　）

89. 低速车三角形螺纹时，只利用中滑板进给工作行程车好螺纹的方法称为直进法。
　　　　　　　　　　　　　　　　　　　　　　　　　　　　　　　　（　　）

90. 用直进法车三角形螺纹可以得到正确的牙形，因此适用于车削螺距较大的螺纹。
　　　　　　　　　　　　　　　　　　　　　　　　　　　　　　　　（　　）

91. 用左右切削法车螺纹时，容易产生"扎刀"现象。　　　　　　　　（　　）

92. 用硬质合金车刀车削三角形螺纹一般不分粗、精车刀，可用一把车刀一次将螺纹
车出。　　　　　　　　　　　　　　　　　　　　　　　　　　　　　（　　）

93. 用螺纹量规检验三角形螺纹，是一种综合测量的方法。　　　　　　（　　）

94. 标记 M105g6g 中，6g 表示螺纹中径的公差带代号。　　　　　　　（　　）

95. 标记 M10×16H 中，其 6H 表示中径公差带与顶径公差带代号相同。（　　）

96. 圆锥角是圆锥体表面的素线与轴线之间的夹角。　　　　　　　　　（　　）

97. 米制圆锥的号码是指圆锥的大端直径。　　　　　　　　　　　　　（　　）

98. 莫氏圆锥分成 7 个号码，最大的是 6 号，最小的是 0 号。　　　　（　　）

99. 用转动小滑板法车圆锥时，小滑板转动的角度应等于工件的圆锥角。（　　）

100. 用转动小滑板车削圆锥面，由于只能手动进给，因此工件表面粗糙度难控制。
　　　　　　　　　　　　　　　　　　　　　　　　　　　　　　　　（　　）

101．对于长度较长，锥度较小的圆锥孔工件，可采用偏移尾座的车削方法。　（　）

102．用偏移尾座法车削圆锥时，如果工件的圆锥半角相同，则尾座偏移量也相同。
　　　　　　　　　　　　　　　　　　　　　　　　　　　　　　　　　（　）

103．用宽刃刀车削圆锥面时，宽刃刀的切削刃与主轴轴线的夹角应等于工件圆锥半角。
　　　　　　　　　　　　　　　　　　　　　　　　　　　　　　　　　（　）

104．锥形铰刀一般分粗铰刀和精铰刀，粗铰刀的槽数比精铰刀多，对排屑有利。
　　　　　　　　　　　　　　　　　　　　　　　　　　　　　　　　　（　）

105．铰圆锥孔时，锥度小的工件，进给量要选小些，锥度大的工件应当选择较大的进给量。　　　　　　　　　　　　　　　　　　　　　　　　　　　　　（　）

106．车圆锥面时，车刀刀尖必须严格对准工件旋转轴线，以保证车削后的圆锥面素线的直线度及圆锥直径和圆锥角的正确。　　　　　　　　　　　　　　　　　（　）

107．对于配合精度要求较高的锥度零件，一般采用涂色检验法，以测量接触面的大小来评定锥度精度。　　　　　　　　　　　　　　　　　　　　　　　　　　　（　）

二、选择题（将正确答案的序号填入括号内）

1．粗加工时，切削液应选用以冷却为主的（　　）。
　　A．切削油　　　　　　　B．混合油　　　　　　　C．乳化液

2．切削液中的乳化液，主要起（　　）作用。
　　A．冷却　　　　　　　　B．润滑　　　　　　　　C．减少摩擦

3．车床类别分为10个组，其中（　　）代表落地及卧式车床组。
　　A．3　　　　　B．6　　　　C．9　　　　　　　　D．8

4．车刀的常用材料有（　　）种。
　　A．2　　　　　B．3　　　　C．4　　　　　　　　D．5

5．通过切削刃上某一定点，垂直于该点切削速度方向的平面称为（　　）。
　　A．基面　　　　　　　　B．切削平面　　　　　　C．主剖面

6．刀具的前刀面和基面之间的夹角是（　　）。
　　A．楔角　　　　　　　　B．刃倾角　　　　　　　C．前角

7．刀具的后角是后刀面与（　　）之间的夹角。
　　A．基面　　　　　　　　B．切削平面　　　　　　C．前面

8．精车刀的前角应取（　　）。
　　A．正值　　　　　　　　B．零度　　　　　　　　C．负值

9．车刀刀尖处磨出过渡刃是为了（　　）。
　　A．断屑　　　　　　　　B．提高刀具寿命　　　　C．增加刀具刚性

10．（　　）加工时，应取较大的后角。
　　A．粗　　　　　　　　　B．半精　　　　　　　　C．精

11．一般减小刀具的（　　）对减小工件表面粗糙度值效果明显。
　　A．前角　　　　　　　　B．副偏角　　　　　　　C．后角

12. 偏刀一般是指主偏角（　　）90°的车刀。
    A. 大于　　　　　　　　　B. 等于　　　　　　　　　C. 小于

13. 车刀刀尖高于工件轴线，车外圆时工件会产生（　　）。
    A. 加工表面母线不直
    B. 产生圆度误差
    C. 加工表面粗糙度值大

14. 同轴度要求较高，工序较多的长轴用（　　）装夹较合适。
    A. 四爪单动卡盘　　　　　B. 三爪自定心卡盘　　　　C. 两顶尖

15. 用一夹一顶装夹工件时，若后顶尖轴线不在车床主轴轴线上，会产生（　　）。
    A. 振动　　　　　　　　　B. 锥度　　　　　　　　　C. 表面粗糙度达不到要求

16. 由外圆向中心处横向进给车端面时，切削速度（　　）。
    A. 不变　　　　　　　　　B. 由高到低　　　　　　　C. 由低到高

17. 对高精度的轴类工件一般是以（　　）定位车削的。
    A. 外圆　　　　　　　　　B. 中心孔　　　　　　　　C. 外圆与端面

18. 钻中心孔时，如果（　　）就不易使中心钻折断。
    A. 主轴转速较高　　　　　B. 工件端面不平　　　　　C. 进给量较大

19. 精度要求较高、工序较多的轴类零件，中心孔应选用（　　）型。
    A. A　　　　　　　　　　B. B　　　　　　　　　　C. C

20. 中心孔在各工序中（　　）。
    A. 能重复使用，其定位精度不变
    B. 不能重复使用
    C. 能重复使用，但其定位精度发生变化

21. 车外圆时，切削速度计算式中的直径 D 是指（　　）直径。
    A. 待加工表面　　　　　　B. 加工表面　　　　　　　C. 已加工表面

22. 切削用量中（　　）对刀具磨损影响最大。
    A. 切削速度　　　　　　　B. 背吃刀量　　　　　　　C. 进给量

23. 粗车时为了提高生产率，选用切削用量时，应首先取较大的（　　）。
    A. 切削速度　　　　　　　B. 背吃刀量　　　　　　　C. 进给量

24. 用高速钢刀具车削时，应降低（　　），保持车刀的锋利，减少表面粗糙度值。
    A. 切削速度　　　　　　　B. 进给量　　　　　　　　C. 背吃刀量

25. 用硬质合金车刀精车时，为减小工件表面粗糙度值，应尽量提高（　　）。
    A. 切削速度　　　　　　　B. 进给量　　　　　　　　C. 背吃刀量

26. 标准麻花钻的顶角一般在（　　）左右。
    A. 100°　　　　　　　　　B. 140°　　　　　　　　　C. 118°

27. 钻孔时的背吃刀量是（　　）。
    A. 钻孔的深度　　　　　　B. 钻头直径　　　　　　　C. 钻头直径的一半

28. 钻孔的公差等级一般可达（　　）级。

A. IT7～IT9　　　　　　　B. IT11～IT12　　　　　　C. IT13～IT15

29. 套类工件的车削要比车削轴类难，主要原因有很多，其中之一是（　　）。
　　A. 套类工件装夹时容易产生变形
　　B. 车削位置精度高
　　C. 其切削用量比车轴类高

30. 车削同轴度要求较高的套类工件时，可采用（　　）。
　　A. 台阶式心轴　　　　　B. 小锥度心轴　　　　　C. 软卡爪

31. 在装夹不通孔车刀时，刀尖（　　），否则车刀容易折碎。
　　A. 应高于工件旋转中心
　　B. 与工件旋转中心等高
　　C. 应低于工件旋转中心

32. 为了保证孔的尺寸精度，铰刀尺寸最好选择在被加工孔公差带（　　）左右。
　　A. 上面1/3　　　　　　B. 下面1/3
　　C. 中间1/3　　　　　　D. 1/3

33. 铰刀的柄部用来装夹和（　　）。
　　A. 传递转矩　　　　　　B. 传递功率　　　　　C. 传递速度

34. 一般情况下留半精车余量约为（　　）mm。
　　A. 1～3　　　　　　　　B. 2～3　　　　　　　C. 4～5

35. 一般情况下留精车余量约为（　　）mm。
　　A. 0.1～0.5　　　　　　B. 1～1.5　　　　　　C. 1.5～2

36. 内沟槽的作用有退刀槽、空刀槽、密封槽和（　　）等几种。
　　A. 油、气通道槽　　　　B. 排屑槽　　　　　　C. 通气槽

37. 铰刀铰孔的精度一般可达到（　　）。
　　A. IT7～IT9　　　　　　B. IT11～IT12　　　　　C. IT4～IT5

38. 铰孔不能修正孔的（　　）度误差。
　　A. 圆　　　　　　　　　B. 圆柱　　　　　　　C. 直线

39. 车孔的公差等级可达（　　）。
　　A. IT7～IT8　　　　　　B. IT8～IT9　　　　　C. IT9～IT10

40. 在车床上钻孔时，钻出的孔径偏大的主要原因是钻头的（　　）。
　　A. 后角太大　　　　　　B. 两主切削刃长度不等　　C. 横刃太长

41. 铰孔时，为了使表面粗糙度值较小，应用（　　）。
　　A. 干切削　　　　　　　B. 水溶性切削液　　　　C. 非水溶性切削液

42. 用内径百分表测量工件内孔尺寸时，百分表的（　　）读数为内孔的实际尺寸。
　　A. 最小　　　　　　　　B. 平均　　　　　　　C. 最大

43. 滚花时应选择（　　）的切削速度。
　　A. 较高　　　　　　　　B. 中等　　　　　　　C. 较低

44. 为了不产生乱纹，开始滚花时，挤压力要（　　）。

    A．大   B．均匀   C．小

45．滚花一般放在（ ）。

    A．粗车之前   B．精车之前   C．精车之后

46．（ ）滚花刀通常用于压直纹和斜花纹的。

    A．单轮   B．双轮   C．六轮

47．经过精车以后的工件表面，如果还不够光洁，可以用砂布进行（ ）。

    A．研磨   B．抛光   C．修光

48．常用的抛光砂布中，（ ）号是细砂布。

    A．00   B．0   C．1 D.2

49．常用的抛光砂布中，（ ）号是粗砂布。

    A．00   B．0   C．1 D.2

50．使用砂布抛光工件时（ ）。

    A．移动速度要均匀，转速应低些

    B．移动速度要均匀，转速应高些

    C．移动速度要慢，转速应高些

51．为了确保安全，在车床上锉削工件时应（ ）握锉刀柄。

    A．左手   B．右手   C．双手

52．在车床上锉削时，推挫速度要（ ）。

    A．快   B．慢   C．缓慢且均匀

53．在螺纹牙形上，两相邻牙侧间的夹角称为（ ）。

    A．牙形角   B．牙形半角   C．螺纹升角

54．（ ）是指相邻两牙在中径线上对应两点间的轴向距离。

    A．中径   B．螺距   C．导程

55．（ ）是指与外螺纹牙顶或内螺纹牙底相切的假想圆柱或圆锥的直径。

    A．小径   B．中径   C．大径

56．普通螺纹的公称直径是（ ）的基本尺寸。

    A．小径   B．中径   C．大径

57．车普通螺纹时，车刀的刀尖角应等于（ ）。

    A．30°   B．55°   C．60°

58．M16×1.5 表示该螺纹为（ ）。

    A．公称直径是 16mm，螺距为 1.5mm 的单线粗牙普通螺纹

    B．公称直径是 16mm，螺距为 1.5mm 的单线细牙普通螺纹

    C．公称直径是 16mm，螺距为 1.5mm 的单线左旋普通螺纹

59．英制螺纹的螺距是用每（ ）长度内的螺纹牙数 n 换算出来的。

    A．20mm   B．25.4mm   C．30mm

60．英制螺纹的公称直径是指（ ），并用尺寸代号表示。

    A．外螺纹大径   B．外螺纹小径

C. 内螺纹大径　　　　　　　D. 内螺纹小径

61. 螺纹特征代号 G 表示（　　）。

    A. 55°密封螺纹　　　　　B. 55°非密封螺纹　　　　C. 60°圆锥管螺纹

62. 粗磨高速钢三角形普通螺纹车刀两侧后面时，应使刀柄与砂轮外圆水平方向成（　　），垂直方向倾斜 8°～10°。

    A. 30°　　　　　　　　　B. 45°　　　　　　　　　　C. 20°

63. 低速车削 M30×0.75 螺纹时，一般采用（　　）车削。

    A. 左右切削法　　　　　　B. 直进法　　　　　　　　C. 斜进法

64. 用硬质合金三角形螺纹车刀车螺纹时，只能用（　　）进给。

    A. 直进法　　　　　　　　B. 左右切削法　　　　　　C. 斜进法

65. 套螺纹前，螺纹大径应车到（　　），以保证套螺纹时省力，且板牙齿部不易崩裂。

    A. 上偏差　　　　　　　　B. 基本尺寸　　　　　　　C. 下偏差

66. 套螺纹前，工件的前端面应加工出小于45°的倒角，直径（　　），使板牙容易切入。

    A. 小于螺纹大径　　　　　B. 小于螺纹中径　　　　　C. 小于螺纹小径

67. 在车床上攻螺纹前，先进行钻孔，孔口倒角要大于内螺纹（　　）尺寸。

    A. 大径　　　　　　　　　B. 中径　　　　　　　　　C. 小径

68. 螺纹千分尺是测量外螺纹（　　）的。

    A. 大径　　　　　　　　　B. 中径　　　　　　　　　C. 小径　D. 螺距

69. 用三针测量法可测量螺纹的（　　）。

    A. 大径　　　　　　　　　B. 中径　　　　　　　　　C. 小径　D. 螺距

70. 螺纹的综合测量，应使用（　　）。

    A. 螺纹千分尺　　　　　　B. 游标卡尺

    C. 钢直尺　　　　　　　　D. 螺纹量规

71. 车螺纹时，产生"扎刀"和顶弯工件的原因有（　　）等。

    A. 车刀背前角太大，中滑板丝杠间隙较大

    B. 车床丝杠和主轴有串动

    C. 车刀装夹不正确，产生半角误差

72. 圆锥面的车削与外圆车削所不同的是除了对尺寸精度、形位精度和表面粗糙度要求外，还有角度或（　　）的精度要求。

    A. 圆度　　　　　　　　　B. 平面度　　　　　　　　C. 锥度

73. 车削圆锥表面时，要求车刀的移动与工件轴线成（　　）。

    A. 一个角度　　　　　　　B. 平行　　　　　　　　　C. 垂直

74. 米制圆锥的号码是指圆锥的（　　）。

    A. 大端直径　　　　　　　B. 小端直径　　　　　　　C. 锥度

75. 莫氏圆锥分成（　　）号码。

    A. 5个　　　　　　　　　B. 7个　　　　　　　　　C. 8个

76. 用转动小滑板车圆锥面时，使车刀进给轨迹与所要车削的圆锥素线（　　）即可。

A．垂直　　　　　　　　B．平行　　　　　　　　C．相交

77．用转动小滑板车圆锥面时，车床小滑板应转过的角度为（　　　）。

A．圆锥角（α）　　　　B．圆锥半角（α/2）　　　C．两倍圆锥角（2α）

78．偏移尾座的具体车削方法是把尾座水平偏移一个 s 值，使得装夹在前、后顶尖间的工件轴线和车床主轴轴线成一个夹角，这个夹角就是锥体的（　　　）。

A．圆锥角（α）　　　　B．圆锥半角（α/2）　　　C．两倍圆锥角（2α）

79．用宽刃刀车削圆锥面时，宽刃刀的切削刃必须平直，切削刃与主轴轴线的夹角应等于工件的（　　　）。

A．圆锥半角（α/2）　　B．圆锥角（α）　　　　　C．两倍圆锥角（2α）

80．铰圆锥孔时，圆锥孔的表面粗糙度是由铰刀的（　　　）来保证的。

A．锥度　　　　　　　　B．切削刃　　　　　　　C．圆锥角

81．检验一般精度的圆锥面角度时，常使用（　　　）来测量。

A．千分尺　　　　　　　B．圆锥量规　　　　　　C．游标万能角度尺

三、计算题

1．在车床上车削一毛坯直径为 40mm 的轴，要求一次进给车至直径为 35mm，如果选用切削速度 v_c=110m/min。求背吃刀量 a_p 及主轴转速 n 各等于多少？

2．将一外圆的直径从 80mm 一次进给车至 74mm，如果选用车床主轴转速为 400r/min，求切削速度？

3．用直径为 25mm 高速钢麻花钻钻孔，选用切削速度为 30m/min，求工件转速？

4．根据表 9-1 所列已知条件，写出螺距并计算出螺纹中径 d_2、内螺纹小径 D、牙形高度 h_1，填入表中。

表 9-1　题 4 表

序　　号	螺纹代号	螺距 P	螺纹中径 d_2	内螺纹小径 D_1	牙形高度 h_1
1	M12				
2	M48×2				
3	M16				
4	M36×3				

5．根据表 9-2 所列的已知条件，求出 α/2、C、d 和 D 等数值。

表 9-2　题 5 表

序　　号	D/mm	d/mm	L/mm	C	α/2
1	100	80	40		
2	48		85	1∶16	
3		64	68	1∶20	
4	35		40		6°
5		33.8	85	1∶12	
6		25	38	1∶5	

6. 用偏移尾座法车削如图 9-2 所示的圆锥心轴，求尾座偏移量 s。

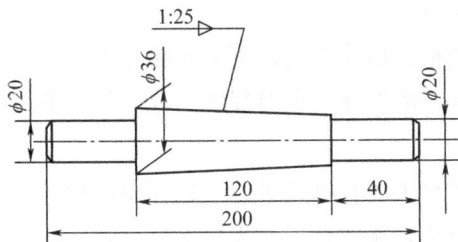

图 9-2   题 6 图

7. 用转动小滑板法车削如图 9-3 所示三种形状的圆锥工件，求小滑板应转动的角度。

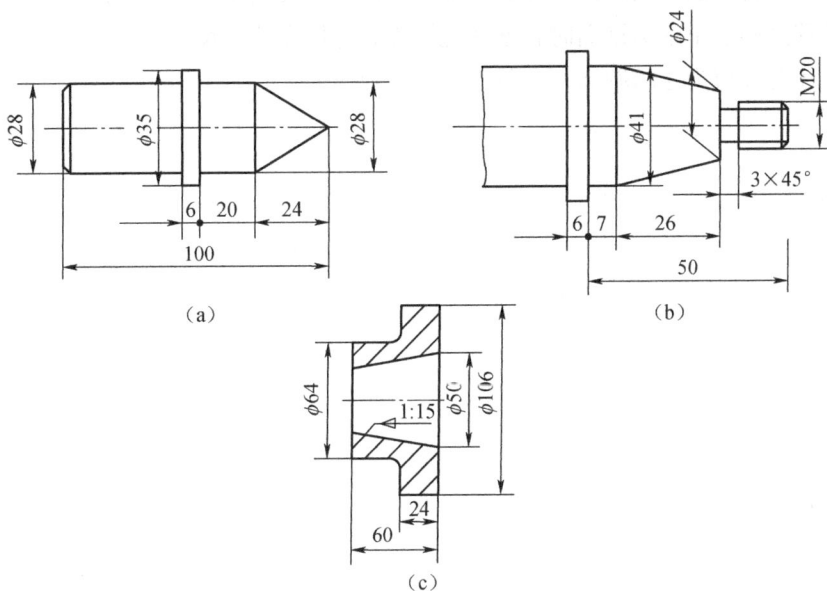

（a）

（b）

（c）

图 9-3   题 7 图

四、简答题

1. 卧式车床由哪几个主要部分组成？

2. 对刀具材料有哪些要求？

3. 什么叫前角、后角？各有何作用？

4. 什么叫主偏角？它有何作用？

5. 说出中心孔的类型和用途。

6. 麻花钻由哪几部分组成？它们的作用是什么？

7. 在两顶尖间装夹工件时应注意哪些事项？

8. 粗车轴类零件时，如何选择切削用量？

9. 为什么说车削内孔比车削外圆要困难得多？

10. 铰孔余量的大小对铰孔质量有什么影响？ 适合的铰削余量应为多少？

11. 试述螺纹中径的术语。

12. 三角形螺纹按其规格和用途不同，可分为哪几种？

13. 为什么一般高速钢三角形螺纹车刀都磨出背前角？车刀的背前角对螺纹牙形有什么影响？

14. 低速车削三角形螺纹主要有哪几种方法？并说明其进刀方法。

15. 装夹螺纹车刀时应达到哪些要求？为什么？

16. 试述螺纹塞规的结构及使用方法。

17. 圆锥有哪四个基本参数？

18. 转动小滑板法车圆锥面有什么优缺点？怎样来确定小滑板转动的角度？

19. 偏移尾座法车削圆锥面时有哪些优缺点？适用在什么场合？

20. 试述分度值为 2′ 的游标万能角度尺的读数原理。

反侵权盗版声明

电子工业出版社依法对本作品享有专有出版权。任何未经权利人书面许可，复制、销售或通过信息网络传播本作品的行为；歪曲、篡改、剽窃本作品的行为，均违反《中华人民共和国著作权法》，其行为人应承担相应的民事责任和行政责任，构成犯罪的，将被依法追究刑事责任。

为了维护市场秩序，保护权利人的合法权益，我社将依法查处和打击侵权盗版的单位和个人。欢迎社会各界人士积极举报侵权盗版行为，本社将奖励举报有功人员，并保证举报人的信息不被泄露。

举报电话：（010）88254396；（010）88258888

传　　真：（010）88254397

E-mail：　dbqq@phei.com.cn

通信地址：北京市万寿路 173 信箱
　　　　　电子工业出版社总编办公室

邮　　编：100036